蜜蜂敌害
及其防控技术

王 志 陈东海 编著

中国农业出版社
北 京

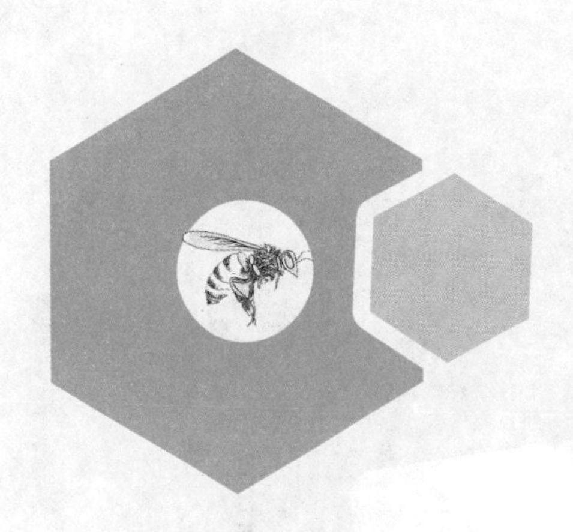

内容简介

本书是第一部专门以蜜蜂敌害为主要内容的专业书籍，基本囊括了目前已知的主要蜜蜂敌害。全书从蜜蜂敌害的特点、危害，蜜蜂的反抗，以及蜜蜂敌害的防治原则和方法等进行了详细的归纳和总结，并深入浅出地阐述了蜜蜂与人类的关系。结合大量实物照片，图文并茂地叙述了蜜蜂敌害的诊断和防控技术，从生态保护的角度出发，提倡蜜蜂敌害的科学防控。本书注重养蜂生产实践，选材全面，通俗易懂，实用性、科普性、可读性强，适合广大养蜂者、蜜蜂工作者和大中专院校相关专业的师生查询、了解和参考。

编写人员

编　著：王　志　陈东海

参　编：李剑飞　王　琦　李志勇

张　发　王新明　李杰銮

前言

FOREWORD

自然生态系统中，蜜蜂发挥着重要的作用，与人类的生产和生活关系密切。

蜜蜂个体众多，采集专一，与植物协同进化，有着适合传粉的特殊器官和生物学习性。世界上大约85%的显花植物依赖于蜜蜂传粉，如果蜜蜂消失，这些显花植物的生存和繁衍无法得到保障，将会导致生物链断裂，生态系统失衡。

长期以来，人类利用蜜蜂生产用途广泛的各种蜂产品，为农林作物授粉，取得了良好的经济效益，在脱贫攻坚、乡村振兴中发挥了重要作用。

蜜蜂在生存繁衍过程中，承受着种类繁多的敌害侵袭，严重影响了世界养蜂业的健康发展和全球粮食安全。为提高养蜂者的经济效益，发挥蜜蜂的生态作用，降低蜜蜂敌害的影响显得尤为重要。

传统的蜜蜂敌害防治大多使用化学药物，多以捕杀为主，已经不适合可持续发展战略和绿色健康理念。我国虽然是养蜂大国，但目前还没有一部专门介绍蜜蜂敌害的书籍，以供人们查询和阅读。本书从生物多样性保护的角度出发，以蜜蜂敌害为主要内容，结合现今我国的法律法规，对蜜蜂敌害的科学防控提出了合理的建议。本书的出版，将具有重要而深远的意义。

本书囊括了养蜂业已知的大部分敌害类群，详细归纳和总结了蜜蜂敌害的形态特征、生物学特性、分布及危害。以专业的角度和实践经验，结合敌害发生的现场照片，图文并茂地向广大读者介绍了蜜蜂敌害的诊断及防控方法。

本书内容全面，通俗易懂，注重科学理论与养蜂生产实践相结合，实用性和科普性较强，适合广大养蜂者、蜜蜂保护者和大中专院校相关专业的师生查询和了解，也适合社会相关人士在蜜蜂饲养、蜜蜂科普时参考使用。

笔者从事蜜蜂科研和推广工作多年，长期深入养蜂一线，具有丰富的理论基础知识和实践经验，收集、阅读了大量文献资料，着重关注蜂场敌害情况，拍摄了相关照片，并进行归纳和总结，最终编撰成书。在成书过程中，王志负责整体内容的设计、概述部分的文字撰写、提供图片及文稿校订等工作；陈东海负责内容设计、文稿校订、提供图片等工作；李剑飞、王琦负责各章节文字材料的整理、汇总和撰写；李志勇提供了部分图片，并对文稿进行了校订；张发、王新明和李杰銮对部分内容进行了验证。

本书的编写和出版得到了吉林省人力资源和社会保障厅人才开发项目（2020027）的资助，也得到了吉林省科学技术厅科技项目（20200402042NC）的大力支持。

由于作者水平有限，成书匆忙，难免有错误和疏漏之处，请各位读者批评指正，以便再版时予以改正。

目录 CONTENTS

第一章 概述

蜜蜂是一种营社会性生活的昆虫，对生态的贡献较大。人类在长期养殖和利用蜜蜂的过程中，逐渐发展形成了专门基于保护蜜蜂免受病害和敌害侵袭的学科，即蜜蜂保护学。随着对蜜蜂研究的不断深入，在蜜蜂保护学的基础上，本书将专门针对蜜蜂的敌害进行介绍。

一、蜜蜂敌害的含义

我们将自然或人工饲养环境中，以蜜蜂及其产物为食，或侵扰蜜蜂繁衍，或损毁蜂箱、巢脾的动物，统称为蜜蜂敌害。

这里所说的蜜蜂，主要指已有多年养殖和利用历史的东方蜜蜂（*Apis cerana* Fabricius）和西方蜜蜂（*Apis mellifera* Linnaeus）。

蜜蜂敌害主要包括：以蜜蜂躯体、组织为食的捕食性动物；以蜜蜂体液、蜂巢（蜂蜡）为营养，营寄生生活的侵袭性动物；以蜂蜜、蜂花粉（蜂粮）等蜂产品或饲料为食的掠食性动物；占据或毁坏蜜蜂巢穴、巢脾，侵扰蜜蜂生活，影响蜜蜂正常繁衍的侵扰性动物。

敌害侵袭的突出特点是对蜜蜂个体的捕杀，通常发生突然，时间较短，危害程度较为严重。多数蜜蜂的寄生性敌害危害时间较长，范围较广。

二、蜜蜂敌害的种类

蜜蜂敌害的分类方法有多种，传统的方法主要根据敌害所属的动物类别进行划分。本书根据敌害对蜜蜂的危害程度和危害方式，增加了新的分类方法，使养蜂者在敌害防控上达到有所侧重、区别对待。

（一）按所属类别分类

传统的分类方法将蜜蜂敌害主要分为五大类别。

1. 昆虫类 昆虫类敌害是蜜蜂敌害中数量最多的类别，主要包括膜翅目（胡蜂、蜂狼、蚂蚁等）、鳞翅目（大蜡螟、小蜡螟等）、双翅目（食虫虻、三斑赛蜂麻蝇等）、鞘翅目（芫菁、皮蠹等）几类昆虫，对蜜蜂的危害较为严重。其他昆虫，如蜻蜓目、螳螂目、缨翅目、直翅目、革翅目、等翅目、啮虫目、捻翅目、半翅目、脉翅目、蜚蠊目等，均有一些种类属于蜜蜂敌害，但危害程度相对较轻。

2. 蛛形类 蛛形类敌害包括蛛形纲的寄螨目、真螨目等侵袭性螨类及蜘蛛目、伪蝎目等动物。

3. 两栖类 两栖类敌害包括蟾蜍以及部分蛙类。

4. 鸟类 鸟类敌害包括啄木鸟、蜂虎、大山雀、蜂鸟、燕子、伯劳等。

5. 哺乳类 哺乳类敌害包括熊、黄喉貂、臭鼬等食肉动物；鼠、松鼠等啮齿类动物；猴子、狒狒、猩猩等灵长类动物；刺猬等食虫动物。

（二）按危害程度分类

按照危害程度，将蜜蜂敌害分为主要敌害和次要敌害。

1. 主要敌害 蜜蜂的主要敌害是指对蜜蜂危害程度较严重，发生地域较广，较难防控，或具有较强侵袭性，较难根除的敌害。其中危害程度较严重，不易控制的敌害，如胡蜂（图 1-1）、蜂狼、啄木鸟等；发生地域较广，较为常见的敌害，如蜘蛛、蟾蜍、鼠、蚂蚁等；侵袭性较强，较难根除的敌害，如大蜂螨、小蜂螨、蜡螟、蜂巢小甲虫等。本书第二章至第十二章将对主要敌害进行介绍。

图 1-1 胡蜂在巢门口危害蜜蜂
（李志勇 摄）

2. 次要敌害 蜜蜂的次要敌害是指发生地域较小，危害程度较轻，侵袭性相对较弱，或者虽然危害程度较重，但发生地域较小或只是偶尔发生，对蜜蜂养殖不构成严重威胁的敌害。例如，食虫虻（图 1-2）、斯氏蜜蜂茧

图 1-2 食虫虻（王志 摄）

蜂、芫菁、三斑赛蜂麻蝇、皮蠹、蜻蜓、天蛾、螳螂等昆虫；刺猬、臭鼬、蜜獾等哺乳动物；蜂虎、蜂鸟、大山雀、灰喜鹊等鸟类。熊对蜜蜂的危害一般较大，但目前其个体分布范围较小、分布数量较少，现阶段对我国蜂业的危害记录较少。本书第十三章至第三十二章将对次要敌害进行介绍。

（三）按危害方式分类

根据对蜜蜂危害的方式不同，又可将蜜蜂敌害分为捕食性敌害、寄生性敌害、掠食性敌害和侵扰性敌害。

1. 捕食性敌害 捕食性敌害是指以蜜蜂躯干、肌肉或其他组织为食的敌害，如以蜜蜂胸部肌肉组织为主要取食对象的胡蜂；以蜜蜂几丁质外壳内组织为食的蜘蛛；以整只蜜蜂为取食对象的蟾蜍、蜂虎、啄木鸟、刺猬等。蜂狼常在飞行中捕获蜜蜂，吸食蜜蜂的体液或花蜜，或将蜜蜂带回巢内繁育幼虫，属于捕食性敌害（图 1-3）。

图 1-3 蜂狼标本（李志勇 摄）

图 1-4 巢虫危害的巢脾（陈东海 摄）

2. 寄生性敌害 寄生性敌害是指寄生于蜜蜂躯体上，以蜜蜂体液、组织或衍生物为食的敌害，如吸食蜜蜂血淋巴的大蜂螨、小蜂螨、芫菁幼虫等，以蜂巢（蜂蜡）为主要营养和寄生地点的巢虫（图 1-4）等。三斑赛蜂麻蝇以蜜蜂血淋巴、肌肉组织和腹部组织为食，属于寄生性敌害。

3. 掠食性敌害　掠食性敌害是指以掠取蜂蜜、蜂花粉（蜂粮）等蜜蜂产品或衍生品为食的敌害，如以蜂蜜、蜂花粉（蜂粮）为食的蜂巢小甲虫；喜食蜂蜜的熊（图1-5）、黄喉貂、鼠等；以花粉为食的花金龟、蛛甲等鞘翅目昆虫。蜜蜂指示鸟通过引导哺乳动物掠取蜂巢以获得蜂蜡为食料，也属于掠食性敌害。

4. 侵扰性敌害　侵扰性敌害是指对蜜蜂或蜂群正常生存繁衍具有一定侵扰作用的敌害。这些敌害，危害程度相对较小，侵扰性较强，影响蜜蜂的正常生活，如天蛾、蟑螂、熊蜂等。蚂蚁常侵占蜂巢，取食蜂蜜、花粉及饲料等营养物质，也食用蜜蜂躯体（图1-6）或幼虫，却因个体较小，蜜蜂难以应对，常致蜂群飞逃，属于侵扰性敌害。

图1-5　熊危害蜜蜂的痕迹（王志 摄）

图1-6　蚂蚁搬运蜜蜂躯体（王志 摄）

三、蜜蜂敌害的危害特点

蜜蜂敌害的种类较多，对蜜蜂造成的危害具有如下特点。

（一）致命性

一些敌害一旦发生，会导致部分、整群甚至整场的蜜蜂死亡，危害程度较重。大蜂螨、小蜂螨、蜂巢小甲虫等一些侵袭性的敌害，发生地域广、影响范围大，在不加人为干涉的情况下，较易造成蜜蜂的大量死亡；胡蜂、蜂虎等常成群结队地危害蜜蜂，胡蜂在侵袭西方蜜蜂时，通常多只胡蜂协作，便可以守住一群蜜蜂的巢门，出入巢门口的蜜蜂较容易被胡蜂猎杀，而西方蜜蜂较难与之有效对抗；熊等大型哺乳动物的危害，虽然只是偶然发生、数量较少，但危害较大，一旦侵袭蜂场，往往造成一群或多群蜜蜂连蜂带箱损失，严重时直接造成垮场。

（二）阶段性

一些敌害只在蜜蜂饲养的某一阶段对蜂群造成危害，如果不加以防控，较容易造成蜂群损失。啄木鸟通常在冬季雪后外界食物稀少时，危害室外越冬的蜂群，对北方野生的中华蜜蜂蜂群危害更为明显；芫菁幼虫通常在春季危害蜂群；蟾蜍通常在夜晚靠近水源的蜂场的蜂箱巢门口取食蜜蜂；胡蜂在夏末秋初外界食物较少时，对蜂群的危害较为严重。

（三）传播性

大蜂螨、小蜂螨等敌害，侵袭和传播性较强。在蜂场内主要通过人工分蜂、合并蜂群等人为管理措施传播侵袭，也通过养蜂机具、巢脾、谜巢蜂、雄蜂、盗蜂等途径传播侵袭；在蜂场间主要通过引进蜂王（群）、雄蜂、盗蜂及蜜源媒介等传播侵袭；在地区间主要通过转地放蜂传播侵袭，销售笼蜂、蜂王、蜂群、熊蜂及其他商业贸易行为也可造成敌害侵袭。蜂巢小甲虫通过蜂群、土壤、蜂箱、蜂具、蜂粮和果蔬等媒介传播。以往未发生过某种具有传播性敌害的地区，养蜂者较难防范，致使敌害的危害更为严重。

（四）地域性

有些敌害对蜜蜂的危害有限，只对部分地区或部分蜂群具有一定的危害，如蜂狼主要分布在北纬 30°以北的干旱地区，只在其分布区危害蜜蜂；芫菁幼虫只在部分地区危害蜂群，一般距离山林较近的地域危害较为严重，距离山林较远的地域危害较轻。

（五）偶然性

有些敌害的发生具有偶然性，不可预知，较难预防，一旦发生就会造成较大的危害，如熊、鼠等。有些敌害为杂食性动物，不以蜜蜂为主要食物，其捕食蜜蜂的行为带有一定的偶然性，如蜻蜓、螳螂、灰喜鹊等，这些敌害的个体对蜜蜂的危害相对较小，只有当群体聚集时，危害较大。

（六）专一性

有些敌害对蜜蜂的危害具有专一性，未发现危害其他种类的蜜蜂。如斯氏蜜蜂茧蜂寄生于东方蜜蜂，尚未在西方蜜蜂上发现；欧洲蜂狼因分布区域原因，只捕猎西方蜜蜂；外蜂盾螨和背蜂盾螨只发现寄生于西方蜜蜂。

（七）干扰性

有些敌害不直接危害蜜蜂，但其争抢蜜蜂食物或饲料，携带致病菌，甚至占领蜂巢，易导致蜂群飞逃，严重干扰蜜蜂的正常生存繁衍，如蚂蚁、天蛾、蟑螂等。

四、蜜蜂敌害的危害后果

蜜蜂敌害的种类不同，对蜜蜂造成的危害也各不相同。不同敌害对蜜蜂危害造成的后果包含以下几种。

（一）毁灭蜜蜂群体

一些动物，如熊等，嗜食蜂蜜，躯体被毛，不怕蜂蜇，不管是野生的蜜蜂还是家养的蜜蜂，一旦被其发现，往往反复侵袭，每次均会连箱带脾破坏，连子带蜜吞食，甚至将整箱蜜蜂搬走。遭遇熊袭击的蜂群，往往整群覆灭，甚至整场蜂群垮掉。再如胡蜂，在不加防范和保护的情况下，短时间内会灭杀一群或多群蜜蜂。

（二）影响蜜蜂繁育

大蜂螨、小蜂螨等寄生类敌害，寄生初期对蜂群的危害不明显，养蜂者不易察觉，但这类寄生性敌害的繁殖速度较快，一旦发展起来会严重影响蜜蜂健康，导致蜜蜂翅足残缺（图 1-7），减少蜜蜂寿命，影响蜜蜂的正常繁育，对蜂群造成毁灭性的危害。中华蜜蜂遭遇蜂巢小甲虫、巢虫等寄生性敌害威胁时，往往无法抵抗，最终弃巢飞逃。

（三）干扰蜜蜂采集

以采集蜂为猎捕对象的敌害，在蜜蜂采集蜜源、粉源、水源等飞行过程

图 1-7 翅残的蜜蜂（王志 摄）

中，可造成一定的危害，如蜂虎、燕子、蜂狼、蜻蜓等。蟹蛛等敌害通常在花上等待时机，随时猎捕前去访花的蜜蜂。螳螂、青蛙等敌害较容易在低矮的花丛或水源处等待时机，当蜜蜂采集花朵或水源时袭击蜜蜂。球腹蛛数量巨大，在蜂场附近、林下或花间结网（图 1-8），较容易捕获过往飞行采集的蜜蜂。

图 1-8 蜘蛛猎捕的蜜蜂（王志 摄）

（四）取食蜜蜂个体

一些以昆虫为食的动物，往往守在巢门口捕食蜜蜂。夏季夜晚，一只蟾蜍可在巢门口反复捕食扇风降温或守卫警戒的蜜蜂，清晨在箱前通常可见成堆带有蜜蜂残尸的粪便。蜂狼可在巢门口、蜂场上空、蜜源植物附近及蜜蜂飞行过程中对蜜蜂进行捕食。秋季，数只胡蜂常在西方蜜蜂巢门口聚集性侵袭，很快箱前就会聚集成堆垂死挣扎或被肢解的蜜蜂躯体或残骸。

（五）危害蜜蜂越冬

在北方寒冷地区，蜜蜂的越冬安全尤为重要。啄木鸟会用坚硬的喙探得蜜蜂巢穴，并啄开蜂箱壁或木桶壁（图 1-9），取食蜜蜂，尤其对人工养殖的室外越冬蜂群，造成的危害较大，往往危害一箱后，再危害另一箱。鼠、黄喉貂等动物常在冬季危害蜜蜂。

图 1-9　啄木鸟危害的越冬蜂箱（李杰銮 摄）

（六）掠夺蜜蜂食物

熊、蜜獾、鼩鼱等常在夏季的夜间袭击蜜蜂，破坏蜂箱，掠夺蜂蜜；鼠、臭鼬、黄喉貂等在冬季严重破坏蜂巢，取食蜂蜜；蚂蚁、蝇类、熊蜂等会盗食蜂蜜、花粉及饲料(图 1-10)，干扰蜜蜂生活，影响蜜蜂的正常繁衍。

图 1-10　盗掠花粉的昆虫（王志 摄）

五、蜜蜂对敌害的自然防御

在自然生态系统中，蜜蜂为了生存繁衍，历经上亿年的不断进化，逐渐形成了有利于自身的生物学特性，以有效对抗蜜蜂敌害的入侵。

（一）利用蜂巢防御

为了有效保护自身不受外敌侵害，蜜蜂进化成为社会性昆虫，从独居过渡到营群居生活（图 1-11），个体间分工合作，共御敌害。东方蜜蜂和西方蜜蜂在群居过程中，将蜂巢建造成复

图 1-11　蜜蜂的群体生活（王志 摄）

脾的形式，形成了相对封闭而黑暗的蜂巢环境，不但利于有效保温控湿，结团护脾，避免将整个蜂巢暴露于自然中，还可以最大限度地抵御敌害入侵。西方蜜蜂采集利用植物的树脂，以封堵蜂箱缝隙（图 1-12），控制巢门大小，只留一个或数个孔洞作为巢门以供蜜蜂出入，人工蜂箱即模仿蜜蜂的这一习性设置巢门（图 1-13、图 1-14），有效抵御体型较大敌害的入侵。

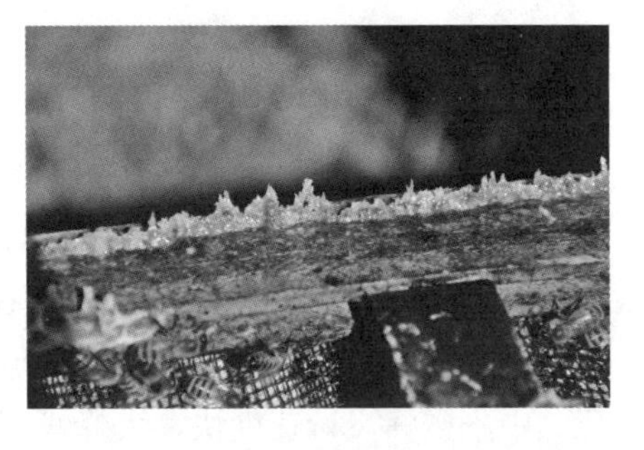
图 1-12 蜜蜂采集的蜂胶（王志 摄）

图 1-13 人工仿造的蜜蜂巢门一（王志 摄）

图 1-14 人工仿造的蜜蜂巢门二（王志 摄）

（二）守卫警戒

在进化中，蜜蜂形成了一些适于群居的社会互利行为，如专门司守卫的工蜂，在巢门前担负警戒的职责（图 1-15）。蜜蜂信息素发达，一旦发现敌害入侵等异常情况，工蜂即释放报警信息素，通过集体扇动翅膀，召集同伴，震慑入侵生物。其产卵器特化成为带有倒刺的螯针，遭遇侵袭时，即用螯针攻击入侵的敌害，以保卫蜂群。蜜蜂蜇刺后其螯针会留在被蜇刺者的体表，离开躯体后的蜇刺，仍可以通过螯针尾端的肌肉不断做收缩动作，以向入侵者注射更多的毒液。

图 1-15 巢门前专司守卫的蜜蜂（王志 摄）

（三）快速反应防御

中华蜜蜂一般适合生活在蜜源条件较好的山区，具有快速飞行的能力，可有效减少采集过程中的敌害侵袭，使胡蜂等敌害不容易捕捉猎杀。一旦在巢门前遭遇胡蜂侵害，中华蜜蜂往往迅速响应，短时间内蜜蜂个体不断聚集，利用胡蜂耐热性不如蜜蜂的特点，迅速结团，最终使胡蜂闷热、窒息而死。中华蜜蜂飞行速度快，大蜂螨不易寄生，这也加强了中华蜜蜂的自然抗螨能力。

（四）卫生行为防御

为有效抵御病菌滋生和敌害侵袭，蜜蜂进化出了良好的卫生行为（图 1-16），它们选择干净、高燥、舒适的地方筑巢，内勤蜂会及时清理巢内的蜡屑等垃圾，及时清理巢内死亡的幼虫、蜂蛹、成蜂或落螨。即将死亡的老龄工蜂有自主死在巢外的行为，中华蜜蜂具有咬除旧脾的行为，这些行为保证了蜂巢内的清洁，减少了蜡螟等敌害取食或寄生的机会。蜜蜂在蜂巢内蜇死老鼠等较大型的敌害，无法将其运出蜂巢时，便用采集的树脂“密封”入侵物，以防止其腐烂、滋生病菌或被其他敌害寄生。

图 1-16　蜜蜂的卫生行为（王志 摄）

（五）集体飞逃防御

中华蜜蜂在遇到敌害，如蜡螟寄生、胡蜂侵袭等情况，无法有效反抗时，形成了易飞逃的特性，这种行为可有效保存实力，保障蜂群的正常繁衍。

六、蜜蜂敌害的防控

蜜蜂是社会性昆虫，单只蜜蜂个体较小，力量薄弱，一旦遇到敌害侵袭，往往很难存活。因此，防控蜜蜂敌害，应以蜂群为最小单位，以保护整个蜜蜂群体为主要目标，保护尚未受到敌害侵袭，或正在受到敌害侵袭的健康蜂群。

（一）蜜蜂敌害的防控原则

在防控蜜蜂敌害的过程中，应遵循以下原则。

1. 以防为主，防控结合 应根据各地的实际情况和不同敌害的具体生物学特性，进行有的放矢地防控。很多敌害一旦发生，产生危害后果以后，往往损失较大，甚至难以弥补，不但蜜蜂个体遭受损失、蜂产品产量下降、经济效益降低，甚至整群覆灭、蜂场垮场，较大程度上影响养蜂者的饲养积极性。因此，蜜蜂敌害防控中，必须坚持以“防为主，控为辅”的指导思想，时刻以预防为第一要务。例如，山区易发生啄木鸟危害的蜂场，要提前在蜂箱周围设置好防护网或采取其他防护措施，有效防止啄木鸟接近蜂箱。

2. 区别对待，方法适当 传统的蜜蜂敌害治理方法多以灭杀为主，即对敌害采用机械扑打、毁灭巢穴、化学药物消灭等各种灭杀的方式。但人们已逐渐认识到很多敌害对生态环保的意义较大，有的敌害甚至已达到濒危的程度，被我国列为保护动物。在对蜜蜂敌害的防控中，不同的蜜蜂敌害需要区别对待，避免触犯动物保护相关法律法规。如遭遇熊、啄木鸟等侵袭蜜蜂时，须采取措施，以惊吓、驱赶等方式进行有效防控。

（二）蜜蜂敌害的防控方法

对蜜蜂敌害的防控主要有以下几种方法。

1. 强化蜂群的自然防御能力 蜜蜂在长期进化的过程中，本身具备一定抵御敌害入侵的能力，而饲养强群是强化这种抵御能力、有效应对各种敌害的有效方式（图 1-17）。强群中的蜜蜂个体数量较多，日龄分布合理，工蜂寿命相对较长，蜂群警卫能力、卫生能力较强，抗逆性强，可有效抵御低温、高温等外界恶劣环境的变化。强群护脾能力相对较强，能够及时修补蜂箱缝隙，积极保卫蜂巢，减少或避免各类蜜蜂敌害的侵袭，阻断传播路径，减少寄生性敌害的持续传播。

图 1-17 通过双王饲养强群（王志 摄）

2. 加强敌害源头检疫 职能

部门根据现有蜜蜂敌害的发生地区以及种类、分布情况、发生情况、严重程度等信息，对需要进出口的蜜蜂活体、标本或者制品，进行严格的产地检疫、运输检疫、进出境检疫，尤其对蜂巢小甲虫、武氏蜂盾螨等国际范围内的严重敌害应加强检疫，避免引入蜜蜂敌害。

养蜂者需要从蜂群管理的角度加大防控力度，不给各类敌害可乘之机，这是能够有效减少敌害入侵蜂群的主要方法。引进种王或者购买蜂群，是养蜂生产中较为常见的活动，也是较容易引入敌害的活动。引种时，从正规的种王场引入种王，从无螨害或无其他疫病的蜂场引入蜂群。切不可引入感染了蜂巢小甲虫、大蜂螨、小蜂螨等寄生虫的蜂群或蜂王，否则不但本场蜂群会深受敌害侵袭，还会危及整个饲养区域。引入的蜂种或蜂群，应设置隔离区进行观察饲养，替换有问题的蜂王、子脾或老旧巢脾，安全度过一个子期后，没有疫病、敌害等重大问题的蜂群，方可正常饲养。

3. 加强蜂群管理 蜂箱是蜂群生存繁衍的基础，要及时修补蜂箱、填补缝隙，减少敌害入侵的机会。有条件的蜂场，可对放蜂场地进行地面硬化，或平整场地，提前喷洒生石灰溶液，或使用草木灰等消毒灭菌，减少芫菁幼虫等敌害的寄生机会。日常蜂群饲养过程中，要注意采用合适的方法给蜂场及蜂机具、饲料消毒，及时清除病死的蜜蜂，焚烧处理具有蜂巢小甲虫等较严重传染性敌害的蜂群。注意蜂场的清洁卫生（图 1-18、图 1-19 和图 1-20），及时清理蜡渣、赘脾等杂物（图 1-21、图 1-22 和图 1-23）。巢脾分类摆放，不可裸露在外，避免蜡螟等的发生和传播。环境条件允许时，使用防蚁架等垫高蜂箱，尤其在蜂群群势较小、蚁群较多的山区，应时刻注意防蚁。易发生蟾蜍危害的地区，在蜂场四周设置塑料围栏，阻止蟾蜍等动物接近蜂群。对于冬季越冬时易受鸟类侵害的蜂场，可采取室内越冬或对蜂箱进行适当保护。

图 1-18　卫生条件较好的西方蜜蜂蜂场（王志 摄）

图 1-19　卫生条件较好的中华蜜蜂蜂场（王志 摄）

图 1-20 卫生条件较差的蜂场（王志 摄）

图 1-21 箱前的蜡渣（王志 摄）

图 1-22 蜂箱内的赘脾（王志 摄）

图 1-23 割雄蜂蛹后遗留蜂场的废弃物（王志 摄）

4. 利用敌害特性防控 在敌害防控过程中，可根据各种敌害的生物学特性，利用其发生危害的条件，结合蜂群控制技术，进行蜜蜂敌害的有效防控。例如，在大蜂螨防控中，利用大蜂螨喜欢寄生在雄蜂巢房的特点，使用雄蜂脾诱杀控螨，可有效降低大蜂螨的寄生率。利用蜂巢内无封盖子脾时大蜂螨、小蜂螨彻底暴露（图 1-24），较容易进行药物灭杀的特点，采取自然断子或人为断子等方法，结合化学药物进行大蜂螨和小蜂螨的有效防控。在胡蜂防控中，利用胡蜂喜食咸鱼、碎肉、腐肉，咬食同类的尸体，以及喜食糖水等特点，设置各种胡蜂诱捕器灭杀胡蜂。

图 1-24 春繁前断子治螨（王志 摄）

5. 化学方法消除灭杀 对蜂群危害较大，且较难控制的大蜂螨、小蜂螨、蜂巢小甲虫等寄生虫，需要使用化学药物熏杀，但应注意防止用药过量，避免使用国家禁用的化学药物。例如，应用升华硫刷脾灭杀小蜂螨、使用水剂或螨扑防治大蜂螨等，要注意寄生性敌害的抗药性问题，提倡使用甲酸、草酸等易降解、无药物残留且不产生抗药性的化学药物杀螨。提倡物理防治或生物防治的方法，尽可能减少对蜂群用药，减少药物残留，保证蜂产品的安全生产。室内越冬的蜂群，要在合适的地点投放鼠药，提倡使用粘鼠板或防鼠夹，减少老鼠等敌害的侵袭。

6. 驱赶保护野生动物 传粉动物或被列为保护动物名录的蜜蜂敌害，尽管有些对蜜蜂的危害较大，但不能采取灭杀的方式，只能用恐吓、驱赶的方式进行有效防控，如对熊、蜂虎（我国南方）、啄木鸟（我国北方冬季）等敌害的防控。

7. 危害较轻时不予防控 一些侵袭蜜蜂具有偶然性的敌害，如蜻蜓、螳螂等，可以选择性地进行防控。而一些危害较轻、数量较少的敌害，如蟑螂、熊蜂等，可以不予防控。

第二章

胡　　蜂

胡蜂，膜翅目（Hymenoptera），胡蜂科（Vespidae）昆虫的总称，又称黄蜂、马蜂、大马蜂、地王蜂、地龙蜂、大土蜂等。

一、形态特征

胡蜂体形通常较大，多数有黄色或黑色斑纹，触角膝状，在休息时翅能纵褶起来，中足胫节有2个端距。捕食蜜蜂的胡蜂主要有以下6种。

1. 金环胡蜂（*V. mandarinia* Smith）　雌蜂体长30～40 mm，头部呈橘黄色，中胸背板呈黑褐色，腹部背板呈黄色与褐色相间；上颚近三角形，呈橘黄色，端部呈黑色（图2-1）。雄蜂体长约34 mm，体呈褐色，常有褐色斑。

图2-1　金环胡蜂（王志 摄）

2. 墨胸胡蜂（*V. velutina nigrithorax* Buysson）　雌蜂体长约 20 mm，头部呈棕色，胸部呈黑色，翅呈棕色；腹部 1～3 节背板均为黑色，5～6 节背板均呈暗棕色；上颚呈红棕色，端部呈黑色。雄蜂个体较小。

3. 黑盾胡蜂（*V. bicoloro* Fabricius）　雌蜂体长约 21 mm，头部呈鲜黄色，中胸背板呈黑色，翅呈褐色，腹部呈黄色，并且腹部两侧各有 1 个小褐斑；上颚呈鲜黄色，端部呈黑色。雄蜂体长约 24 mm，唇基部具有不明显突起的 2 个齿。

4. 基胡蜂（*V. basalis* Smith）　雌蜂体长 19～27 mm，头部呈浅褐色，中胸背板呈黑色，小盾片呈褐色；腹部除第 2 节呈黄色外，其余均为黑色；上颚呈黑褐色，端部有 4 个齿。

5. 黑尾胡蜂（*V. ducalis* Smith）　雌蜂体长 24～36 mm，头部呈橘黄色且略宽，前胸与中胸背板均呈黑色，小盾片浅褐色；腹部第 1、2 节背板呈褐黄色，第 3～6 节背、腹板呈黑色；上颚呈褐色，粗壮近三角形，端部呈齿黑色。雄蜂形态与雌蜂近似。

6. 黄腰胡蜂（*V. affinis* L.）　雌蜂体长 20～25 mm，头部呈深褐色，中胸背板呈黑色，小盾片呈深褐色；腹部第 1、2 节背板呈黄色，第 3～6 节背、腹板均为黑色；上颚呈黑褐色。雄蜂体长 25 mm，头胸呈黑褐色。

前 3 种胡蜂对蜜蜂的捕杀较为严重。

二、生物学特性

胡蜂是一种完全变态的社会性昆虫，一生经历卵、幼虫、蛹、成虫 4 个阶段，蜂群内有蜂王、雄蜂和工蜂。工蜂与蜂王在形态上区别较小，但工蜂性情凶猛，螯针明显，排毒量大，攻击力强，它的主要职责是筑巢、哺育、保温、采集、捕猎、抵御天敌和保护巢穴。与蜜蜂不同的是，一群胡蜂中可以同时存在多只蜂王。一群胡蜂个体数少则几十至几百只，多则上千只，人畜触碰巢穴后，易引起胡蜂群进攻，严重者会被蜇伤或致死。

胡蜂通常喜欢在早晚、阴天或雨后活动，23～30 ℃是胡蜂外出活动的最适宜温度，在 18 ℃以下和 35 ℃以上时，胡蜂活动相对减少。

胡蜂一般选择在冬暖夏凉、温湿度适宜的场所筑巢。常在隐蔽的大树洞或山洞内筑巢，洞内既能保持适宜的温湿度，又利于躲避天敌。无大树洞或山洞的地方，胡蜂也常筑巢于人类建筑内、地下（图 2-2）或树丛中（图 2-3）。胡蜂巢一般呈球形，蜂巢外被巢壳包裹，留有直径约为2 cm的巢门，供其出入。不同种类的胡蜂，可以从蜂巢的形状上加以区分。

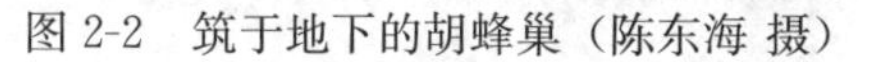

图 2-2　筑于地下的胡蜂巢（陈东海 摄）

图 2-3　筑于树丛中的胡蜂巢（王志 摄）

三、分布与危害

世界上已知胡蜂有 5 000 多种，我国记载的有 200 多种。胡蜂在我国南北方均有分布。除常见的胡蜂种类外，还有黄边胡蜂、凹纹胡蜂、大金箍胡蜂、小金箍胡蜂等种类。

胡蜂是我国养蜂业重要的捕食性敌害，也是世界养蜂业的主要敌害之一，在我国南方山区的丛林中对蜜蜂的危害尤为严重。胡蜂为杂食性昆虫，主要捕食昆虫，膜翅目、双翅目、直翅目和鳞翅目等，捕食最多的为蝇类和虻类，甚至喜欢咬食同类的尸体（彩图 1、图 2-4）。偶可见胡蜂访花（图 2-5），秋季也采食水果汁液（图 2-6）。在山区，蜜蜂为胡蜂的主要捕食对象，常见胡蜂在花上猎捕采集蜂（图 2-7）。尤其在其他昆虫类食物短缺的季节，如在北方夏末秋初之时，胡蜂常常飞到城郊、村寨、住宅附近和养蜂场内，集中捕食蜜蜂。胡蜂危害较为平常的年份，在夏、秋季节蜂群可损失外勤蜂 20%～30%；胡蜂危害严重的年份，全场蜂群均会受害。

图 2-4　胡蜂在蜂箱大盖上取食同类尸体（王志 摄）

图 2-5　胡蜂访花（王志 摄）

图 2-6　胡蜂采集水果汁液（王志 摄）

图 2-7　胡蜂在花上捕食蜜蜂（王志 摄）

金环胡蜂危害西方蜜蜂时，常盘旋于蜂场上空或停留在蜂场附近的树枝上，俯冲猎捕飞行的蜜蜂。胡蜂在蜂场中常反复猎捕危害同一群蜜蜂，往返飞行于蜂箱周围，寻找缝隙，有可乘之机便进行捕捉，然后立即飞起，落到附近的树上（彩图 2），吃下蜜蜂胸部的肌肉组织，或咬掉蜜蜂的头部和腹部，将蜜蜂的胸部带回巢内哺育幼虫。有时多只胡蜂封堵在蜂箱巢门口处(图 2-8、图 2-9)，捕杀出巢采集的外勤蜂和守卫蜂，不足半小时的时间，巢门口地面上就会出现大量死蜂，大量蜜蜂被胡蜂咬伤，甚至肢体分离，垂死挣扎。危害严重时，数小时内，聚集的胡蜂可杀死 5 000～25 000 只蜜蜂，并将巢门咬开，占据蜂巢，闯入蜂箱内捕杀成蜂、蛹和幼虫，并将尸体运回巢穴，哺育后代。

图 2-8 多只胡蜂危害巢箱群（王志 摄）

图 2-9 多只胡蜂危害继箱群（李志勇 摄）

在同一个蜂场里，如果既饲养中华蜜蜂又饲养西方蜜蜂，胡蜂更偏向攻击飞行速度相对较慢的西方蜜蜂。若有两种胡蜂同时存在，个体较大的胡蜂进攻西方蜜蜂，而个体较小的胡蜂则捕杀中华蜜蜂。胡蜂攻击西方蜜蜂时，会遭到蜜蜂反抗，由于胡蜂几丁质外壳较厚，蜜蜂螫针较难蜇刺，反而会被胡蜂咬杀。而对于飞行速度较快的中华蜜蜂虽然个体难以蜇刺胡蜂，但它们迅速响应，聚集结团，将胡蜂团团围住直至活活闷死在蜂团中央。但常被胡蜂侵扰，会导致中华蜜蜂飞逃，此时胡蜂会继续入侵中华蜜蜂蜂箱（图 2-10），进行掠取捕杀。

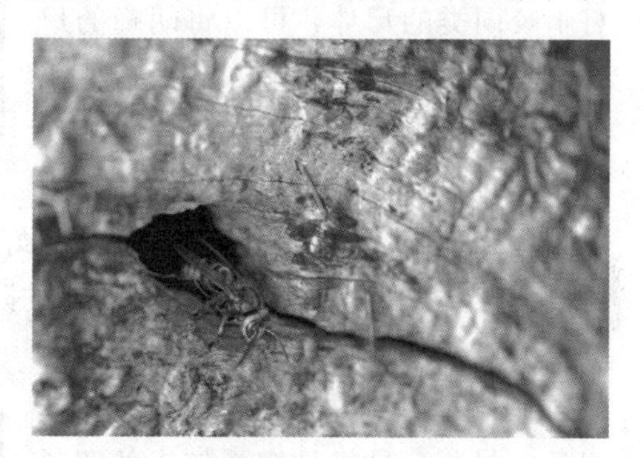

图 2-10 胡蜂入侵中华蜜蜂蜂箱
（李志勇 摄）

四、敌害诊断

1. 听声音 胡蜂飞翔时，发出的声音与蜜蜂不同，且声音较大，由此可以判断胡蜂危害。

2. 箱外观察 胡蜂危害蜜蜂时，常常缓慢飞行于蜂箱侧面或巢门前，或落在蜂箱前踏板上，将蜜蜂咬死、咬伤，若在巢门口或附近发现胡蜂和被咬死的蜜蜂，即可以判断为胡蜂危害。

五、防控方法

1. 巢门防护法　防止胡蜂危害蜂群的最有效办法就是缩小巢门。在胡蜂危害严重的季节，将蜂箱巢门调整到只允许工蜂进出的程度，中华蜜蜂养殖可以采用圆孔巢门。可以在巢门口设置栏栅，如安装金属隔王栅或隔王片，也可以将几颗铁钉钉在巢门口处，均能有效阻止胡蜂进入蜂巢内，且操作简单、取材容易、效果好。

2. 人工扑打法　在胡蜂危害猖獗的季节，组织适当的人力守候在蜂场，用电蚊拍、木板条或其他自制工具进行人工扑打（图 2-11），也可以购买捕虫网或自制网兜，套抓胡蜂。胡蜂嗜好啃咬同类的尸体，可以将胡蜂的尸体收集在一起，堆放在蜂箱大盖上或便于伏击的地方，引诱它们停落啃食或搬运蜂尸，伺机扑打。

图 2-11　自制扑打工具（王志 摄）

这种原始而简单的扑打方法效果较好，能够有效地减轻或控制胡蜂对蜂群的危害，特别适用于对第一代胡蜂的防控。此方法的缺点是需要人为守候，浪费人力资源。

3. 糖水诱捕法　利用矿泉水瓶或可乐饮料瓶，最好是容量较大的塑料瓶。在塑料瓶 2/3 处把瓶口部分割下来，然后把割下来的瓶口部分倒置在瓶底部分上，倒入预先准备好的糖水（图 2-12）。糖水的浓度为 12%～16%，以不能吸引蜜蜂前来采集为准。把装有糖水的自制塑料瓶，放在蜂箱大盖上即可，可以适当多做一些糖水塑料瓶，根据蜂场的大小分放在不同的点位上。胡蜂发现气味后，会进入诱捕塑料瓶中，诱捕塑料瓶外口大、内口小，胡蜂出不来，从而被捕捉淹死在糖水中。不要将淹死的胡蜂取出，这样可以更好地引诱胡蜂，或可以将 1～2 只

图 2-12　糖浆诱捕胡蜂（王志 摄）

打死的胡蜂放入诱捕塑料瓶内。

此法简单，取材制作容易，效果较好，同时结合人工扑打，可以有效地控制胡蜂对蜂群的危害。

4. 腐肉诱捕法 利用腐肉引诱胡蜂咬食，伺机扑打。把一条鱼或其他腐肉挂在蜂场边比较明显的树上，胡蜂发现后会减少抓咬蜜蜂，转而咬食鱼或腐肉，还会招引同伴聚集。

5. 诱捕器诱捕法 市面上有很多胡蜂诱捕器，可以直接购买使用，也可以自制简单的诱捕器。例如，利用蜂笼诱捕器，安放在巢门口，铁丝网眼比蜜蜂大而比胡蜂小，从而可以诱捕胡蜂，同时减少因防御胡蜂而导致的蜜蜂死亡。

6. 捣毁蜂巢法 根据胡蜂出没的路线寻找胡蜂巢，并捣毁胡蜂的巢穴（图 2-13）。利用捕虫网或自制网兜捕抓胡蜂，将抓到的胡蜂用白色细棉线或塑料条带绑住，之后放走一只胡蜂，沿着这只胡蜂飞行的方向去寻找，放走的胡蜂消失后，再放走一只胡蜂，反复几次即可找到胡蜂的巢穴。捣毁胡蜂巢最好选择在傍晚进行。如果胡蜂巢挂在树上或者建筑物上，可以用塑料袋慢慢罩住蜂巢，用铲子连蜂带巢一齐铲下。胡蜂毒性较强，操作时应注意安全，避免被蜇伤。

图 2-13 被捣毁的胡蜂巢（王志 摄）

7. 毒饵诱杀法 将少量杀虫剂拌入咸鱼碎肉内，盛于盘中放在蜂场附近诱杀，胡蜂取食后即可被毒死。

8. 农药毁巢法 市场上有“毁巢灵”出售，有粉剂和涂抹剂，专用于毒杀胡蜂，可以直接购买，按照使用说明书操作即可。

胡蜂既是一种传粉昆虫，更是一种重要的天敌昆虫，常用来防控许多农作物、林木、果树害虫，在医药、食品上也有良好的应用。利用农药毒杀胡蜂，也会对取食胡蜂的天敌造成影响，破坏蜂场周围的生态，因此不推荐采用毒杀的方法防控胡蜂。

第三章 大蜂螨

大蜂螨，狄斯瓦螨（*Varroa destructor* Anderson & Trueman）的俗称，在分类上属于蛛形纲（Arachnida），寄螨总目（Parasitiformes），瓦螨科（Varroidae）。

一、形态特征

大蜂螨（彩图 3、彩图 4）一生经历 5 个虫态，即卵、幼虫、前期若螨、后期若螨和成螨。

1. 卵 呈乳白色，圆形，长约 0.6 mm，宽约 0.4 mm，卵膜薄而透明。卵产下时已发育，可见 4 对肢芽，形如紧握的拳头。

2. 幼虫 在卵内发育，卵产下时已具雏形，可见 3 对足，完成幼虫发育后破壳而出成为若螨。

3. 前期若螨 又称第一若螨，近圆形，呈乳白色，长约 0.6 mm，宽约 0.5 mm，体表着生稀疏的刚毛，具有 4 对粗壮的附肢。体形随时间的推移，由卵圆形变为近圆形，并已能够吸食蜜蜂蛹的血淋巴。

4. 后期若螨 又称第二若螨，初期雌螨心形，长约 0.9 mm，宽约 1 mm；后期横向生长成横椭圆形，背部出现褐色斑纹，体长增至约 1.1 mm，体宽增至约 1.4 mm.

5. 成螨 雌成螨和雄成螨在形态上略有不同。雌成螨呈横椭圆形，宽大于长，体长 1.11～1.17 mm，体宽 1.6～1.77 mm，4 对足，背板明显隆起，呈棕褐色，有光泽，腹板较平，略凹。雄成螨呈卵圆形，比雌螨小，体长 0.8～0.9 mm，体宽 0.7～0.8 mm，背板覆盖体背全部及腹面的边缘部分，形态结构与雌螨相似。

二、生物学特性

大蜂螨的生活史比较复杂，一般分为5个阶段，分别是滞留期、卵黄形成前的活动期、首次卵黄形成的活跃期、第二次卵黄形成的活跃期、成熟交配期。

1. 滞留期 雌螨随蜜蜂羽化出房，寄生在雄蜂或工蜂体表（彩图5）。用口器刺破蜜蜂腹部节间膜，吸食血淋巴。此时的雌螨，可以随被寄生的蜜蜂巢内外活动，并随雄蜂、盗蜂等扩散到其他蜂群。滞留期持续4～13 d。

2. 卵黄形成前的活动期 在滞留期后，雌螨从蜜蜂成虫体表脱落，进入大幼虫巢房内。雌螨喜欢进入5日龄的工蜂幼虫巢房和5～7日龄的雄蜂幼虫巢房，一般每个巢房进入1只雌螨。雌螨进入巢房后通常停止活动，这种行为有利于大蜂螨的繁殖和隐藏，减少被工蜂发现和清除的风险。

3. 首次卵黄形成的活跃期 在蜜蜂幼虫的巢房封盖后，雌螨开始活动，在巢房内的大幼虫或蛹体表面，用口器刺穿表皮吮吸血淋巴。在封盖巢房内60～64 h，雌螨产下第1粒卵，此卵将发育成雄螨。此后再产2～5粒卵，这些卵将发育成雌螨。

4. 第二次卵黄形成的活跃期 雌螨继续在蛹体表面吮吸血淋巴，大约每隔30 h产2粒卵。雌螨在工蜂蛹18日龄、雄蜂蛹19日龄，复眼变色时最后一次吮吸血淋巴，随后停止产卵。

5. 成熟交配期 在封盖的巢房内，新一代的大蜂螨性成熟并完成交配。交配后的雌螨随蜂蛹羽化出房，进入滞留期。

大蜂螨的生存能力较强，在蜂巢外的常温环境下能够存活7 d，在－30～－10 ℃低温环境下，能生存2～3 d。大蜂螨雌螨和雄螨的发育期略有差别，雌螨发育期7～8 d，雄螨发育期6～7 d。

雌螨将卵产在工蜂和雄蜂的幼虫巢房内，由于雄蜂幼虫和蛹的个体大、发育期长，雌螨更喜欢将卵产在雄蜂巢房中。若螨和成螨以巢房内的幼虫和蛹的血淋巴为食，雌成螨也常附着在蜜蜂成虫体外寄生和扩散。雄螨不取食，与雌螨交配后立即死亡。雌螨一生有3～7个产卵周期，可以产30多粒卵。1个产卵周期内，在工蜂幼虫巢房内产卵1～5粒，在雄蜂幼虫巢房内产卵1～7粒。

三、分布与危害

大蜂螨的分布几乎遍及全球，目前除澳大利亚和非洲部分地区还没有发现外，全世界只要有蜜蜂生存的地方就有大蜂螨的危害。我国是发生大蜂螨比较早的国家之一。1956 年，浙江杭州郊区的意大利蜜蜂中最早发现大蜂螨危害，以后逐渐向南北方传播；1964 年以后，大蜂螨已经在全国普遍发生。

大蜂螨是一种蜜蜂体外寄生螨，是侵袭西方蜜蜂最普遍、最严重的寄生性敌害之一。大蜂螨原寄主是东方蜜蜂，在与东方蜜蜂长期的协同进化过程中，两者相互适应，形成了一种平衡关系，对东方蜜蜂的危害较小。西方蜜蜂对大蜂螨的抵抗能力相对较弱，大蜂螨逐渐以西方蜜蜂作为新寄主，给西方蜜蜂的养殖带来非常大的危害。在我国南方地区，大蜂螨全年都能繁殖；在北方越冬期间，大蜂螨寄生在蜂体上越冬（图 3-1），直到早春蜂群育虫以后，它们继续繁殖。

图 3-1　越冬蜂体上寄生的大蜂螨（陈东海 摄）

大蜂螨是寄生在蜜蜂体表，通过吸食蜜蜂血淋巴来危害蜜蜂的。大蜂螨危害的蜜蜂，主要表现为个体发育不良，残翅，不能飞行，烦躁不安，寿命缩短，死亡率升高，哺育力和采集力下降。受大蜂螨危害的蜂群，可导致蜂群的整体哺育力和采集力下降，在巢前的地面上出现很多爬行的蜜蜂，这些蜜蜂通常体形较小，甚至残翅无法飞行，严重时群势迅速衰弱，甚至蜂群灭亡。此外，大蜂螨可携带多种病原，如急性麻痹病病毒、残翅病毒、慢性麻痹病病毒、蜜蜂球囊菌以及蜜蜂微孢子虫等，这些病原通过大蜂螨刺破的伤口进入蜜蜂体内，引起发病。

四、敌害诊断

1. 直接检查　当怀疑蜂群遭受大蜂螨危害时，从蜂群中提取带蜂巢脾，随机抓取 50～100 只工蜂，检查蜜蜂的头部、胸部和腹部的背侧是否有大蜂螨寄生。也可以将抓取的工蜂放在塑料瓶内，加入 70%的酒精，或者加入干净的水，再滴几滴洗洁精，用力摇晃让其充分混匀，用粗筛子、细筛子过滤。粗筛子在上面可以滤下大蜂螨，不能滤下蜜蜂；细筛子在下面承接落下的大蜂螨，计算大蜂螨的数量和寄生率。

2. 割子脾检查　用割蜜刀割开或镊子挑开一定数量的封盖子脾（图 3-2）或雄蜂巢房，取出工蜂蛹（彩图 6）或雄蜂蛹，仔细检查蛹体上及巢房内是否有大蜂螨。

图 3-2　割蜂蛹（王志 摄）

3. 巢门前观察　若在巢门前发现翅残的幼蜂爬行，并有死蜂蛹被工蜂拖出，在蛹体上见到大蜂螨附着，即可诊断为大蜂螨危害。

五、防控方法

大蜂螨是蜜蜂最危险的敌害之一，难以根除，所以在防控上一定要遵循“预防为主，综合防控”的原则，以蜜蜂保健饲养为前提，采取综合措施，如抗螨育种、培养强群等，从而增强蜜蜂自身对大蜂螨的抗性，尽量少用化学药物，以减少因用药不当而使大蜂螨产生的耐药性、蜜蜂的药物中毒及污染蜂产品等不良后果。

1. 使用抗螨蜂种　在培育新蜂王过程中，选择大蜂螨寄生率较低的蜂群作为母群，割除对大蜂螨抵抗力弱的雄蜂封盖子。育种工作对于大部分养蜂者来说难度较高，养蜂者可以从专业的育种场直接引进抗螨性强的蜂种。

2. 雄蜂诱杀治螨　利用大蜂螨喜欢寄生在雄蜂巢房的特点，在蜂群的日常管理中，大蜂螨寄生严重的蜂群，要定期割除封盖雄蜂蛹，清除雄蜂幼虫，并将带有大蜂螨的蛹和幼虫销毁。也可以人为给蜂群加入雄蜂脾，诱使大蜂螨在雄蜂脾上寄生，待到雄蜂脾封盖后，抽出雄蜂脾，割开封盖房，杀死雄蜂虫蛹及大蜂螨，可以有效减少大蜂螨的寄生率。

采用这种方法，对于处在繁殖盛期的大蜂螨有一定的控制效果，但不彻底。

3. 自然断子期治螨 北方早春蜂群开始繁殖前、晚秋蜂群繁殖期终止、南方蜂群越夏、流蜜期的处女王采蜜群、新分群里的新王开始产卵前，蜂巢内没有封盖子脾，大蜂螨彻底暴露在蜂体上和脾面上，这是大蜂螨在其生活史上的薄弱时期，很容易被药物杀灭。选择适宜的杀螨药治疗 2～3 次，就可以杀落绝大多数大蜂螨。

防控大蜂螨应抓准蜂群自然断子的有利时机，尤其早春及晚秋，省工省力，杀螨彻底。

4. 人为断子治螨 蜂王用四季王笼囚禁，王笼用细铁丝挂在巢箱的巢脾中部。7 d 左右检查一次蜂群，清理王台。囚王 21 d 左右群内子脾快出完时，用水剂型杀螨剂治螨 2～3 次，治螨结束后放出蜂王。放王时把巢内多余的脾撤出，达到蜂脾相称，喂足饲料正常繁殖。放王产卵 10 d 后检查蜂群，观察蜂王产卵情况。

人为断子治螨效果非常好，但是不能在繁殖采蜜适龄蜂和繁殖越冬适龄蜂时实施，会较大影响采蜜群势和越冬群势。例如，在长白山地区，断子治螨可以结合采椴树蜜控制蜂王产卵时实施，或在繁殖越冬蜂前实施。低于 4 框蜂的小群，不能采取断子治螨的方法。

5. 化学药物治螨 目前，利用化学药物进行大蜂螨的防控（图 3-3）是最常用的方法，也是比较方便、有效、彻底的方法，缺点是大蜂螨易产生耐药性，容易污染蜂产品。常用的药物有触杀剂、熏烟剂、熏蒸剂等多种，在市场上可以根据自己的需要选择。

图 3-3 水剂治螨（王志 摄）

市售杀螨药物有很多种，不同种药物在有效成分上有所差别，同一种药出自不同的厂家，在不同的时期使用，也会产生不同的效果，有的甚至会对蜂群造成药害。因此，在全面使用新药前，必须先用少量的蜂群进行试验，然后再全面用药，避免因药害而造成蜂群损失。

长期使用同一种药物容易使大蜂螨产生耐药性，选购杀螨药时不要只购1种或2种，要多购几种药物，治螨时交替使用，或触杀、熏蒸药物进行联合用药，以提高杀螨效果。

使用杀螨药物应避开蜂产品生产时期，生产期禁止使用。严格控制药物使用剂量，避免药物过量对蜂群和蜂产品造成伤害和污染。

（1）喷雾治螨　按产品说明书比例配制药液，充分搅拌后装入喷雾器中。喷药时，调整好喷雾器，使其喷出的药物呈雾状，喷至蜜蜂体表呈现出细薄的雾液为宜。每次施药时，都要尽量使每只蜜蜂身体都被均匀喷洒到药液，蜜蜂密集的地方要边轻轻抖蜂边喷洒，巢脾底梁、侧梁、箱底及箱壁处的蜜蜂也需要兼顾。

治螨时，选择晴暖天气的上午进行施药，在提高药效的基础上，保证蜜蜂被喷洒药液后有机会外出飞翔，减少因喷洒螨药过量而引起蜜蜂中毒的可能。用药后，注意观察大蜂螨脱落情况，大蜂螨多的蜂群治2～3次，每次间隔1～2 d。如果杀螨效果不好，可以视情况再喷药1～2次。

（2）熏烟治螨　市售熏烟类杀螨药物有多种，操作方法也不相同，应该严格按照产品说明书使用。在实际应用中发现，熏烟的剂量较难把握，剂量大伤蜂，剂量小则治螨效果不好，熏烟的刺激性极易引起蜂群的不安与骚乱。

（3）熏蒸治螨　如氟胺氰菊酯一类的菊酯类杀螨片，可以长时间挂在蜂箱内，药效挥发持续时间长，对陆续出房的大蜂螨具有相继杀灭的功效。虽然操作方便、功效好，但是长期使用也促进了大蜂螨产生耐药性。

可以替代氟胺氰菊酯类杀螨片的熏蒸剂是甲酸，可以在蜂群饲养的任何时候使用。甲酸为液体有机酸，易挥发，不产生耐药性，对蜂产品污染极小，无残留，使用较安全。

在断子期，使用方法为：甲酸溶液（甲酸7 mL与乙醇3 mL）熏蒸，临用前将二者混合，22 ℃以上气温条件下，在标准箱内熏蒸无封盖子脾7～8张，密闭熏蒸。每箱蜂（平箱）用6 mL，将甲酸滴入塞满脱脂棉的小瓶中，在瓶盖上扎数十个针眼大的小孔，盖好盖子，将药瓶置于蜂箱角落，任其自然挥发，3 d后再次加入甲酸，连续5次即可。蜂螨控制住以后，停止使用。如果过一段时间发现螨害复发，可以再次使用，但不要长期将放置甲酸的药瓶置于蜂群中。

甲酸挥发性很强，应避免药害。每群蜂内每次使用不宜超过6 mL，最好在较为凉爽的傍晚放入蜂群，否则容易引起蜂群极度骚动，甚至飞逃。

第四章 小蜂螨

小蜂螨，别名小螨、小虱子，与大蜂螨一样是蜜蜂的体外寄生螨，在分类上属于蛛形纲（Arachnida），寄螨总目（Parasitiformes），厉螨科（Laelapidae）。小蜂螨分为4个种：梅氏热厉螨、亮热厉螨、柯氏热厉螨和泰氏热厉螨。

一、形态特征

小蜂螨（彩图7、彩图8）一生经历5个虫态，即卵、幼虫、前期若螨、后期若螨和成螨。

1. 卵 近圆形，呈乳白色，卵膜透明，长约0.66 mm，宽约0.54 mm，腹部膨大，中间稍下凹，形似紧握的拳头。

2. 幼虫 在卵内孵化并发育，白色，椭圆形，足3对。

3. 前期若螨 椭圆形，呈乳白色，长约0.54 mm，宽约0.38 mm，足4对，体背长有细小刚毛，螯肢逐渐形成。

4. 后期若螨 卵圆形，呈乳白色，长约0.9 mm，宽约0.61 mm，体背着生细小刚毛。

5. 成螨 雌成螨和雄成螨形态略有不同。雌成螨呈浅棕黄色，卵圆形，前端略尖，后端钝圆；体长约1 mm，体宽约0.5 mm；头盖小不明显，土丘状；背板覆盖整个背面，其上密布光滑刚毛。雌成螨在产卵期体较厚，厚度约0.6 mm，产卵后体厚度减少至0.3 mm。雄成螨淡黄色，近卵圆形，体长约0.92 mm，体宽约0.49 mm，背板与雌螨相似。

二、生物学特性

小蜂螨是典型的巢房内寄生虫，整个生活史的大部分时间都在封盖的巢房中，靠吸食蜜蜂幼虫和蛹的血淋巴生存，只有在寻找新的寄主时才离开巢房。小蜂螨借助蜜蜂的幼虫、蛹来完成种群的繁衍与生活。工蜂幼虫房与雄蜂幼虫房相比较，小蜂螨更喜欢寄生在雄蜂幼虫房内。

雌成螨进入即将封盖的蜜蜂幼虫巢房，在巢房封盖后 2 d 左右雌螨开始产卵。每个雌螨平均产卵 6 粒，其中有 1 粒是雄卵。小蜂螨卵期短，产下后 30 min 内幼虫孵化。从卵到成虫的发育期为 6 d，卵和幼虫期 1 d，前期若螨 2 d，后期若螨 3 d。成螨的寿命与环境温度有关，适宜的温度范围是 31～36 ℃，一般存活 8～10 d；10～13 ℃时，只能存活 2～4 d；44～50 ℃时，1 d 内全部死亡。

在封盖房内繁殖成长并成熟的成螨，随新蜂羽化一起出房离开巢房，立即寻找即将封盖的蜜蜂幼虫巢房寄生。未成熟的小蜂螨无法继续存活，死在巢房中。当被寄生的蜜蜂幼虫或蛹死亡后，小蜂螨会咬破巢房蜡盖，从孔中爬出再重新进入其他即将封盖的幼虫房内。小蜂螨不能从蜜蜂成虫的体壁上取食，离开子脾的小蜂螨只能存活 1～3 d。

小蜂螨的足较长，行动敏捷，常在巢脾上快速爬行。小蜂螨具有较强的趋光性，在阳光或灯光下很快就从巢房里爬出。

三、分布与危害

小蜂螨的分布范围比较小，主要发生在我国及菲律宾、马来西亚、缅甸、泰国、印度、阿富汗、伊朗等 20 多个亚洲国家和地区。我国于 1960 年前后首先在广东发现小蜂螨寄生，随后逐渐向北传播，目前小蜂螨在长江流域各省以及全国各地普遍发生。危害我国西方蜜蜂的小蜂螨主要是梅氏热厉螨（*T. clareae*）和亮热厉螨（*T. mercedesae*）。

小蜂螨经常与大蜂螨一起危害蜜蜂，现已成为一种比大蜂螨危害性更严重的寄生性敌害。小蜂螨主要危害西方蜜蜂，对我国本土的中华蜜蜂影响较小。我国饲养的西方蜜蜂中，95%的蜂群遭受小蜂螨的危害。

小蜂螨的若螨和成螨主要寄生在大幼虫房和蛹房中，吸食幼虫和蛹的血淋巴，导致幼虫无法化蛹，或蛹体腐烂。受害幼虫表皮破裂，呈乳白色或浅黄色。小蜂螨繁殖速度比大蜂螨快，造成的烂子现象也比大蜂螨严重。不仅如此，小蜂螨还会造成蛹死亡，俗称“白头蛹”。出房的幼蜂比较虚弱，翅膀残缺（图 4-1、图 4-2），爬行缓慢，受害蜂群群势下降较快，严重时全群覆灭。小蜂螨还是传播蜜蜂残翅病毒的生物媒介。

图 4-1 小蜂螨危害的雄蜂（陈东海 摄）

图 4-2 小蜂螨危害的工蜂（陈东海 摄）

小蜂螨虽然不直接危害成年蜂，但是依靠成年蜂的携带传播来扩散种群。小蜂螨的自然传播是由外勤工蜂携带出蜂巢，小蜂螨附着在外勤工蜂的头胸部节间，进入其他蜂群。传播小蜂螨的工蜂多为迷巢蜂和盗蜂，人为因素也是造成小蜂螨快速传播的主要原因，如蜂群子脾互调、蜂具混用、蜂群买卖、转地饲养等。

四、敌害诊断

1. 直接检查 当怀疑蜂群遭受小蜂螨危害时，选择正在出房的巢脾，抖掉蜜蜂并将巢脾放在阳光下，利用小蜂螨具有较强趋光性的特性，震动巢脾，随机观察巢脾上有无小蜂螨快速爬行。如见到个别小蜂螨爬行，说明已有小蜂螨寄生；如见到许多小蜂螨乱爬，并有很多带孔的巢房盖和巢房口突起的“白头蛹”，说明小蜂螨的寄生危害已经十分严重。

2. 割子脾检查 选择即将出房的封盖子脾，用割蜜刀割开房盖或用镊子挑开巢房盖，取出蜂蛹，仔细检查蛹体上及巢房内是否有小蜂螨寄生。

3. 蜂体检查 从巢脾上随机抓取 50～100 只蜜蜂，装入塑料瓶中，用力震荡，之后观察瓶底有无掉落的小蜂螨。

五、防控方法

在小蜂螨的防控上，同样应遵循“预防为主，综合防控”的原则。

防控大蜂螨的方法也适用于小蜂螨。但是，在使用杀螨药物喷雾、熏烟或熏蒸防控大蜂螨时，不能将小蜂螨同时兼治，达不到彻底控制小蜂螨的目的，只能杀死转房繁殖或临时到脾面、工蜂身体上的小蜂螨，潜伏在封盖子脾内繁殖、生活的大部分小蜂螨不能被杀死。因此，防控大蜂螨的同时兼治小蜂螨的认识是不正确、不全面的，这种认识也是导致有些地方小蜂螨危害十分猖獗的主要原因之一。

由于小蜂螨个体小，不容易查见，所以当发现子脾上有小蜂螨爬行时，封盖房内小蜂螨的寄生率已经达到25%以上。对于北方地区来说，如果这时再不采取防控措施，不但会使蜂群迅速削弱，而且蜂群难以越冬。因此，对小蜂螨的防控，必须是抓紧、抓早，早治比晚治可提高防控效果5～10倍，并且能保住强群越冬。

1. 断子治螨 根据小蜂螨主要在封盖房内繁殖、生活的生物学特性，可以采取隔断蜂群内幼虫和蛹的方法防控小蜂螨。利用蜂群断子期防控小蜂螨，效果最佳。断子治螨的方法有多种，包括囚王断子、换王断子、诱入王台断子、分蜂断子、分区断子等，最常用的方法是囚王断子。

囚王断子方法是：把蜂王用囚王笼囚禁起来，限制蜂王产卵，让蜂王停产21 d以上。囚王断子要选择时机，不能影响蜂群繁殖。例如，在东北长白山区，可以在采集椴树蜜6月21日至7月12日断子，也可以选择在7月20日至8月11日断子。繁殖越冬适龄蜂时，不能断子。蜂群弱的蜂场，不能断子。断子结束蜂王放开后，一定要给蜂群喷杀螨剂1～2次。

这种方法的缺点是影响蜂群群势的发展，对于蜂群生产能力有一定的影响。

2. 集中子脾分群治螨 把蜂群内的封盖子脾全部带蜂提出，组成新分群。给新分群介绍产卵蜂王，或诱入成熟王台。大群可以单独提封盖子脾带蜂组成新分群，小群可以几群联合提封盖子脾带蜂组成新分群。带蜂数量的多少，以能护子脾为准，抖蜂时多留一些幼蜂在封盖子脾上，还要多提一些蜂到新分群，避免老蜂飞回原群后新群蜂量过低。提走封盖子脾的原蜂群，剩下的是卵及未封盖的幼虫脾，用杀螨水剂治1～2次。封盖子脾组成的新分群，用杀螨水剂治 3～4 次，直至封盖子脾出完为止。

3. 升华硫刷子脾治螨 暴露在蜂体上的小蜂螨，用杀螨水剂或螨扑片都能杀死。生活在封盖子脾里的小蜂螨，需要用升华硫刷子脾才能起到防控效果。

（1）操作过程 按每个继箱群用药 5 g 的标准，根据蜂群数量取适量的升华硫粉放在一个大口容器内，每 50 g 升华硫粉加入 1 支杀螨水剂，以增加药粉的依附性，充分搅拌。把蜂群内所有封盖子脾逐一提出，抖掉工蜂。巢房眼向下斜立，用稍宽一些的软毛刷蘸少量药粉，从下向上轻轻将药粉均匀刷在封盖子脾表面，刷完一面后，如法再刷另一面，做到不留死角。

（2）注意事项 封盖子脾表面刷的药粉不能多，薄薄一层稍变颜色即可，刷厚了，药量太多，蜂王产的卵不孵化，会出现“见卵不见虫”的现象。卵虫脾不刷，也不能刮破子脾房蜡盖，更不能让药粉掉入巢房内。严格控制升华硫粉的用量，根据群势强弱、气温高低、天气状况灵活掌握。施治升华硫粉要选择温度较高的晴天，施治次数视具体情况来定，一个封盖期最多不能超过 2 次，2 次用药间隔不少于 6 d。施治前后蜂群内饲料要足，用药后注意观察效果，仔细查看子脾及场地爬蜂是否有变化。

（3）失误施救 一旦失误，出现蜂王产卵不孵化，见卵不见虫时，立刻采取补救措施。加强通风，让蜂群内的升华硫气味尽快散失挥发。把受药害的巢脾全部抽出，换上库存多余的巢脾。如果没有更多的巢脾可以更换，可以将抽出的巢脾用稀蜂蜜水灌满，然后用摇蜜机摇出，再灌稀蜂蜜水，再摇，反复 3～4 次，然后把清洗过的巢脾放进巢内，让工蜂清理巢脾后，即可正常产卵和孵化。

第五章
巢 虫

巢虫，指蜡螟的幼虫，又称绵虫、隧道虫，属鳞翅目（Lepidoptera），螟蛾科（Pyralidae），蜡螟亚科（Galleriinae），危害蜂群常见的有大蜡螟（*Galleria mellonella* L.）和小蜡螟（*Achroia grisella* F.）。

一、形态特征

大蜡螟、小蜡螟是完全变态昆虫，一生经历 4 个虫态，即卵、幼虫、蛹和成虫。

大蜡螟卵呈短椭圆形、粉红色，长 0.3～0.4 mm，卵壳较厚，表面有不规则的网状雕纹。幼虫刚孵化时为白色，2～4 日龄后转为乳白色（彩图 9），前胸背板呈棕褐色，中部有一条明显的黄白色分界线，老熟幼虫呈黄褐色，虫体长 23～25 mm。大蜡螟蛹呈黄褐色、纺锤形，腹部末端有一对小钩刺，背面有 2 个成排的齿状突起。大蜡螟成虫雌雄两性形态特征存在差异，雌蛾体型略大于雄蛾，体长 13～14 mm，翅展 27～28 mm，前翅略呈长方形，外缘平直，翅中部近前缘处呈紫褐色，凸纹到内缘间为黄褐色，翅其余部分为灰白色。雄蛾体型较小，头胸部背面及前翅近内缘外呈灰白色，前胸外缘有凹陷，略呈 V 形。

小蜡螟卵呈卵圆形、水白色，长约 0.39 mm，宽约 0.28 mm，卵外无保护物，幼虫低日龄时呈水白色，体长约 1.1 mm，老龄幼虫呈蜡黄色，体长 13～18 mm，前胸背板为棕褐色。小蜡螟的蛹呈纺锤形，腹面呈褐色，背面呈深褐色，背中线隆起呈屋脊状，两侧布满角质状突起，腹部末端具 8～12 个较大的角质化突起。小蜡螟成虫雄蛾较雌蛾略小，体长 8～11 mm，翅展 17～22 mm，体色较雌蛾浅，呈浅灰色。

二、生物学特性

大蜡螟白天藏于蜂箱的缝隙中，夜晚活动。刚羽化的蜡螟在当晚或次日晚交配。雌蛾交配后经 3～10 d 开始产卵，卵常产于蜂箱的大盖、纱盖、继箱、空巢脾、箱底板含蜡残渣中以及蜂箱的裂缝中。雌蛾产卵速度较快，一只雌蛾在 1 min 内可产卵 100 粒。雌蛾产卵期较长，一生最多可产卵 1 800 多粒。雌蛾一般可存活 21 d。大蜡螟幼虫初孵化时体型较小，行动速度快，不易惊动工蜂，上脾率达 90%以上。大蜡螟主要取食蜂箱底部的蜡屑，1 d 后开始上脾，上脾后，幼虫从巢房口钻蛀房底部蛀食巢脾，并向房壁钻孔吐丝（图 5-1），形成分岔的隧道。随着幼虫龄期的增大，被危害的蜜蜂幼虫脾有大量蛹不能封盖，或封盖被蛀毁，形成“白头蛹”。5～6 日龄的大蜡螟幼虫取食量增大，对巢房破坏更严重（图 5-2、图 5-3），最后潜入箱底、缝隙或框梁上结茧化蛹（图 5-4、图 5-5）。大蜡螟在我国一年可发生 2～3 代，各虫期随季节变化有较大差异，夏季卵期最短为 8 d，秋季卵期最长可达 23 d。大蜡螟常以幼虫潜入巢脾隧道或以结茧化蛹越冬，在南方温暖的气候条件下，成虫也越冬。

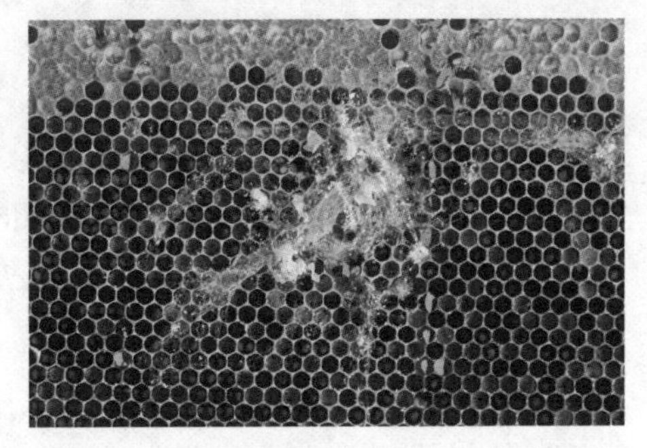

图 5-1　大蜡螟蛀食巢脾钻孔吐丝
（陈东海 摄）

图 5-2　巢虫危害蜜蜂巢脾（李志勇 摄）

图 5-3　巢虫危害蜜蜂巢房（陈东海 摄）

小蜡螟的许多生物学特性与大蜡螟相似，不同的是，小蜡螟成虫一般在羽化当日便交尾。小蜡螟在交尾后当天即可产卵，一只雌蛾一生中可产卵3～5次，一生可产卵200～400粒，最多可达800多粒，产卵能力弱于大蜡螟。幼虫孵化后，可继续以卵壳为食，也可以上脾为害，50～60 d后化蛹。化蛹前停止取食，寻找适宜的场所作茧化蛹，化蛹场所通常选择在蜂箱的缝隙里或箱底的蜡屑中，8～9 d后羽化成蛾。小蜡螟完成1个世代需62～73 d，一年约发生3代，以老熟成虫或蛹越冬。

图5-4 框梁缝隙的大蜡螟蛹（陈东海 摄）

图5-5 框梁上部的大蜡螟蛹（王志 摄）

三、分布及危害

大蜡螟的分布几乎遍及全世界的养蜂地区，分布范围主要受长期寒冷的制约，在高海拔地区，大蜡螟没有或很少发生，而在东南亚热带与亚热带地区，大蜡螟危害相当严重。小蜡螟主要分布于亚热带地区，在我国主要分布在南方地区。

巢虫以蜂巢（蜂蜡）为营养和寄生地点，属于寄生性敌害，其中大蜡螟是危害世界养蜂业的最重要敌害之一，危害较小蜡螟严重，每年都会给全球的养蜂业造成严重的损失。大蜡螟对我国养蜂业造成的损失巨大，对中华蜜蜂危害特别严重，尤其是弱群、无王群和蜂少于脾的蜂群。大蜡螟只在幼虫期取食巢脾、危害蜂群封盖子，经常造成蜂群内的"白头蛹"，受害严重时，"白头蛹"可达80%以上，勉强羽化的幼蜂，体质虚弱，容易被大蜡螟分泌的丝线困在巢房内，常造成大批封盖蛹死亡或蜂群逃亡。大蜡螟在蜂箱缝隙、蜡屑等隐蔽处吐丝结茧化蛹、羽化成虫，昼伏夜出，袭击幼虫，对清巢能力差的蜂群构成严重威胁。大蜡螟极易蛀毁长时间存放不加处理的巢脾（图 5-6、图 5-7），造成大量的蜂蜡、蜂粮等资源浪费。

图 5-6　大蜡螟危害贮存的单张巢脾（李志勇 摄）

图 5-7　大蜡螟危害贮存的整箱巢脾（王志 摄）

小蜡螟幼虫刚孵化便潜入巢房底部，吐丝后，连同自己的粪便围成隧洞。小蜡螟常蛀食含有茧衣的巢房壁，危害蜜蜂的幼虫和蛹，受害的蜜蜂幼虫立即被工蜂清理，巢房盖被工蜂咬破，形成“白头蛹”。小蜡螟对蜂群的危害比大蜡螟轻，但对贮存中的巢脾和蜂产品的危害较大蜡螟更大。

四、敌害诊断

1. 检查巢脾　将巢脾取出，观察巢脾有无“白头蛹”和被巢虫蛀食过的痕迹，存在孔洞和丝线，并且仔细观察可发现巢虫幼虫，即可诊断为巢虫危害。

2. 观察箱底　观察箱内底部，如果发现在蜂箱的缝隙或箱底的蜡屑中，出现巢虫蛹茧，即可诊断为巢虫危害。

五、防控方法

巢虫的防控，目前主要集中在巢脾贮存阶段，对蜂群中有效防控蜡螟的技术研究相对薄弱。

1. 加强饲养管理　在养蜂生产过程中，选择饲养维持强群、清巢力强、对巢虫寄生敏感的蜂种。应尽量饲养强群，及时合并弱群，使蜂脾相称或蜂多于脾。巢脾上蜜蜂密集，有利于蜜蜂护脾，清洁和抵抗巢虫的能力较强。巢虫喜食旧脾，在蜂群饲养管理上要适时加巢础筑造新脾，淘汰旧脾，及时处理废旧巢脾，不可随意将废旧巢脾堆放于蜂场（图 5-8、彩图 10），对淘汰的旧脾和收集的碎蜡屑、赘蜡等及时熔化成蜡块，防止巢虫滋生。经常清理蜂箱底部堆积的碎蜡屑及其他杂质，手工清理巢房，封堵蜂箱缝隙，也可在巢门安装蜡螟阻隔器，以预防巢虫。冬季扑杀蜂箱与巢脾裂缝以及保温物内的越冬虫蛹，减少翌年虫口基数。春季成蛾羽化时，及早捕杀成蛾和卵块。

图 5-8　蜂场随意堆放的巢脾（王志 摄）

2. 诱捕防控　夜间在蜂群周围设置灯光或黄板等诱捕器捕杀蜡螟，可以有效减少虫口数量。一般红光对蜡螟的引诱效果最好。

3. 温度处理防控　低温处理尤其适用于巢脾的贮存，巢虫在－7 ℃以下，5 h 以内就可以死亡。将巢脾在 0 ℃温度下放置 24 h 以上，－7 ℃下放置 4.5 h，－12 ℃下放置 3 h 或－15 ℃下放置 2 h，均能有效杀死蜡螟。也可以采用高温处理，即将巢脾放入有暖风机的房间，控制温度在 46 ℃，放置 80 min，或 49 ℃下放置 40 min。

4. 其他物理防控　基础设施较好的蜂场，可以选择二氧化碳和臭氧等无药物残留风险的气体贮存巢脾。23～40 ℃温度下，保持密闭空间内 98% 浓度的二氧化碳 10～12 h，可以杀死蜡螟各个阶段的虫体。应用 460～920 mg/m^3 浓度的臭氧熏蒸巢脾，几小时就可以杀死蜡螟的幼虫和成蛾，密闭熏蒸 48 h 可以彻底杀死蜡螟的虫卵。

5. 化学防控　主要适用于巢脾贮存阶段，应避免直接在蜂群中使用，以免毒害蜜蜂。巢脾贮存的化学防控现阶段主要采用硫黄、冰醋酸或甲酸熏蒸的方法较为安全，没有污染和残留。

（1）硫黄熏蒸　硫黄燃烧时产生二氧化硫气体，对巢虫、蜂螨等都有灭杀作用。熏杀巢虫每隔 7 d 要重复 1 次，连续重复 2～3 次。

每个继箱放 8 张巢脾，5 个箱体为一组，最下面放空继箱，空继箱内放 1 个耐烧的瓷容器（如瓦片）。熏蒸时，将燃烧的木炭放入容器内，然后将硫黄撒在炭火上，密闭熏蒸 12 h 以上。箱体、箱与箱之间的缝隙用纸糊严，硫黄用量按每个继箱体充分燃烧 2～5 g 计算。

硫黄为易燃物，使用时应注意防火。熏蒸前一定要将巢脾清理干净，熏蒸后要将巢脾放在通风处晾晒 3 d 以上，并清除巢脾上的残留物，防止蜜蜂中毒。

（2）冰醋酸熏蒸　80%～98%的冰醋酸熏蒸 1～5 d，对蜡螟的卵和幼虫、蜂螨等有较强的灭杀作用。

准备工作与硫黄熏蒸的方法一样，按照每个蜂箱用冰醋酸 10～20 mL 的用量，将冰醋酸洒在布条上，每个欲熏蒸巢脾的继箱挂一条布，用纸糊严箱体的缝隙，盖好箱盖，密闭熏蒸 24 h 后即可通风晾晒。

如果温度低于 18 ℃，需要延长熏蒸 3～5 d。冰醋酸可以用容器盛装，放在最上层继箱中间，继箱内少放 2 张巢脾，药物自行挥发并下沉。还可以在最上层继箱的巢脾框梁上铺一层草纸、破布、棉花等物，洒冰醋酸熏蒸。

（3）甲酸熏蒸　96%的甲酸熏蒸对蜡螟的卵和幼虫、蜂螨等有较强的灭杀作用。操作方法与冰醋酸熏蒸的方法一样。

6. 植物防控　植物源杀虫剂可以减少对人类健康和环境的负面影响，是蜡螟防控的重要方向之一。曼陀罗、埃及莨菪等植物精油及其提取物可以对巢虫起到熏杀作用，马郁兰油和柠檬草油等某些植物源杀虫剂对巢虫和卵具有触杀效果，还有一些植物精油对取食阶段的巢虫具有毒杀作用，在未来蜡螟绿色防控，尤其在巢脾安全贮存上有着广泛的应用前景，但要在蜂群中应用还需要进一步完善。

7. 生物防控　应用寄生蜂防控具有无污染、无残留及专一性强等优点，是害虫生物防控的一种重要手段。麦蛾茧蜂、蜡螟绒茧蜂等寄生蜂可用于蜡螟的生物防控，但人工繁育成本昂贵，只能作为辅助防控措施加以利用。近年来，利用昆虫微生物、昆虫信息素、雄性不育技术等防控措施防控蜡螟取得了较大进展，但还处于试验阶段。目前使用效果良好的如苏云金芽孢杆菌防控，其伴孢晶体被巢虫食入后，会释放出有毒的物质将巢虫杀死，而对蜜蜂无害。

第六章 蜂巢小甲虫

蜂巢小甲虫，又称蜂箱小甲虫或蜂房小甲虫，属鞘翅目（Coleoptera），露尾甲科（Nitidulidae）。

一、形态特征

蜂巢小甲虫（*Aethina tumida* Murray）是完全变态昆虫，有卵、幼虫、蛹和成虫 4 种虫态。

蜂巢小甲虫卵为珍珠白色，长约 1.4 mm，宽约 0.26 mm，形状与蜜蜂的卵相似。幼虫呈乳白色，长约 11 mm，背部有棘状小突刺，最后 1 对突刺较坚硬和粗壮。头较大，头壳明显，3 对长足，可产生黏液，黏液呈浅棕色。蛹初期为白色，随后身体不同部位的颜色逐渐变深。成虫呈椭圆形、黑褐色，长 5～7 mm，宽约 3 mm，个体大小与幼虫期食物供应有关，3 对足，爬行迅速，2 对翅，会飞，棒状触角，能缩到头部下，如果伸展开，可看到末端有很多小节。

二、生物学特性

蜂巢小甲虫的卵到成虫，至少 4～5 周时间，一般在 38～81 d；在合适的环境下，每年可繁殖 5～6 代。

蜂巢小甲虫喜欢将卵产在蜂箱角落和缝隙里，卵群呈不规则团状，卵期 1～6 d，一般 3 d 孵化。夏季活动频繁，产卵力强，产卵期 30～60 d，1 只雌虫 1 d 能产卵 300～500 粒。

幼虫在蜂巢内生活，喜欢活动在花粉脾和蜜脾上，取食花粉和花蜜。不成熟时避光，成熟时受光吸引而爬出蜂巢。长到 1 cm 左右时离开，大多傍晚爬到蜂巢周围的泥土里挖掘深洞，进入深洞后便静止，3 d 后化蛹。

蛹期在土壤中度过 8～60 d。蛹期结束后，新的蜂巢小甲虫成虫从泥土中钻出，在地面上留下小洞口，不过在野外较难发现这些洞口。

成虫约 7 d 后性成熟，如不受蜜蜂的阻止，雌虫开始在蜂箱裂缝或幼虫脾缝隙里产卵，雌虫在数量和体重上略大于雄虫。成虫个体小，比较难发现，打开蜂箱时它们有避光的特性，一般隐藏在蜂箱的角落、巢框上梁和箱壁的中间、打开的巢房或底板的碎屑下面。成虫取食掉落的花粉，在寻找花粉和蜂蜜过程中，会破坏巢脾，同时喜食蜜蜂卵和幼虫。蜂巢小甲虫藏在蜂团里越冬。

三、分布及危害

蜂巢小甲虫最初仅见于非洲撒哈拉沙漠的南部，由于长期协同进化的原因，蜂巢小甲虫在该地区对养蜂业没有影响。1867 年在非洲西海岸首次发现，1996 年在美国南部发现。目前，已在埃及、澳大利亚、加拿大、墨西哥、意大利、菲律宾、韩国等国家相继发现蜂巢小甲虫。近些年，在我国沿海的广东、广西、海南都有发现蜂巢小甲虫的报道。2016 年在广东、广西发现疑似蜂巢小甲虫，2018 年 8 月在海南省昌江县再次发现疑似蜂巢小甲虫，通过形态学鉴定、分子鉴定、实验室接种试验确定为蜂巢小甲虫。我国其他地方尚未发现蜂巢小甲虫危害。

蜂巢小甲虫是一种毁灭蜜蜂产业的国际检疫性敌害，中华蜜蜂和西方蜜蜂均可受感染，被世界动物卫生组织列为蜜蜂六大重要病原体之一。成虫及幼虫都能侵袭蜂场内外的幼虫和蜜脾，蜂巢小甲虫的幼虫期危害更为严重，取食蜂蜜和花粉，属于掠食性敌害。蜂巢小甲虫构筑摄食渠，所经之处的巢脾全部遭到破坏。蜂巢小甲虫幼虫和粪便改变蜂蜜的颜色和口味，导致蜂蜜发酵变质（图 6-1），出现气泡、颜色不正常和散发刺激性气味，破坏蜜蜂封盖子，严重影响蜂群内蜜蜂卵和幼虫的正常生长发育，造成整个巢脾被严重损坏（图 6-2）。蜂巢小甲虫分泌黏液，黏液会驱避蜜蜂，破坏巢脾，成为蜂巢小甲虫出现较明显的标志物。若感染蜂巢小甲虫，无论强群弱群，会在 2 周内被毁掉。蜂巢小甲虫能够释放出一种特殊的物质，对其他同类甲虫具有强烈的吸引力，从而引发级联效应，进而引起蜂群弃巢飞逃。

图 6-1　蜂房小甲虫引起蜂蜜变质
（高景林 摄）

图 6-2　蜂房小甲虫危害巢脾
（高景林 摄）

四、敌害诊断

感染蜂巢小甲虫的蜂群可以找到乳白色，且具有黏液的蜂巢小甲虫幼虫。巢脾会有明显的沟渠，并且看上去有黏液。巢脾中的蜂蜜变质发霉，散发出类似烂橙子的味道。

五、防控方法

蜂巢小甲虫在我国养蜂历史上从未出现，近几年才传入我国沿海地区。防控蜂巢小甲虫，应以预防为主，尽可能综合采用所有可用的控制方法。

1. 加强检疫　各地加大蜂巢小甲虫的宣传力度，科普蜂巢小甲虫的外部形态和生活习性，避免到疫情发生地放蜂，远离传染源。对外来放蜂者尤其疫情发生地的蜂群要严加把关，加强对外来蜂群的检验检疫，杜绝带入蜂巢小甲虫。另外还要注意避免到疫情发生地采购蜂群，一旦在蜂群中发现蜂巢小甲虫，应立即向当地畜牧兽医部门上报，并且配合当地有关部门，尽快采取焚烧及其他无害化处理措施（图 6-3）。

2. 切断传播途径　蜂巢小甲虫可以通过蜂群传播，也可以通过土壤、蜂箱、蜂具、蜂粮和果蔬等媒介传播。要尽量使用安全消毒的蜂箱等蜂具，饲喂的蜜糖水和蜂花粉等饲料要经过消毒检验，对可能接触到的果蔬类物品要做好各项消毒工作。存放蜂蜜及巢脾等的库房，温度应控制在 10 ℃以下，或相对湿度低于 50%，即可有效影响蜂巢小甲虫的正常繁殖。

图 6-3　焚烧患病蜂群（高景林 摄）

3. 加强饲养管理　蜂场建在干燥、向阳的地方，把蜂箱放置于水泥地或者厚重黏土等硬质地面上，或在蜂箱下面铺厚黏土，黏土里拌适量石灰或其他药物，保证蜂群所在地及周围一定范围内无沙质土壤，可避免蜂巢小甲虫蛹期阶段的发育，有效切断其生长发育链。饲养时保持蜂群健康强壮，蜂巢内部及蜂箱周围环境清洁，经常清理散落的蜜粉和巢脾碎屑，填补裂缝，架高蜂箱，用生石灰硬化蜂箱下的地面。保持强群饲养，增加蜜蜂自我保护和抵抗外界病虫害的能力，减少遭受蜂巢小甲虫的危害。

4. 药物防控　可采取诱捕毒杀的方法，用花粉、蜂蜜加蟑螂药或杀螨剂，装入扁平的塑料盒等容器内，盒上打一些直径 3～4 mm 的孔，使小甲虫能正常进入，而蜜蜂则难以进入，将盒放在箱底诱捕毒杀。

拜耳公司生产的一种药物（商品名：Checkmate），在美国一些州获得市场准入，能杀死 90%以上的成虫和幼虫。

第七章

啄木鸟

啄木鸟，䴕形目（Piciformes），啄木鸟科（Picidae）鸟类的总称。

一、形态特征

啄木鸟种类间的形态差异较大，嘴长，形似凿，且硬直，舌细长能伸缩自如，先端列生短钩；脚具 4 趾；尾呈平尾或楔状，尾羽 12 枚左右，羽轴硬而富有弹性。我国最常见的黑枕绿啄木鸟（*Picus canus*），体长约30 cm，身体为绿色，雄鸟头有红斑。

二、生物学特性

啄木鸟多数为留鸟，少数种类有迁徙性，卵呈纯白色。大多数啄木鸟喜欢栖息在树林中，主要取食树干上的昆虫，少数在地上觅食。夏季常栖于山林间，冬季大多迁至平原近山的树丛间，春夏两季大多吃昆虫，秋冬两季兼吃植物。

啄木鸟是以啄凿腐朽或局部腐心树干为巢，每年繁殖 1 次，啄木鸟主要依靠啄破树皮，用舌钩出害虫取食，取食昆虫量较大，在一些地区，啄木鸟对林业害虫具有较强的控制作用。

三、分布及危害

啄木鸟有 200 余种，分布较为广泛，除大洋洲和南极洲外，几乎遍布全世界，主要栖息于南美洲和东南亚。啄木鸟在我国分布也比较广泛，其中白腹黑啄木鸟（*Dryocopus javensis*）被我国列为国家二级保护动物。

啄木鸟一般在冬季或者缺乏食物来源时，才会危害蜂群（彩图 11），属蜜蜂的捕食性敌害。啄木鸟飞到蜂场，用尖锐的嘴啄穿蜂箱板，尤其喜欢破坏巢门和内陷的蜂箱提手处，破坏蜂箱后，直接取食蜜蜂，并尽力钻进蜂群内寻找食物，严重损坏巢脾，最终导致巢破蜂亡。

啄木鸟对越冬蜂群具有严重的危害性，尤其对室外越冬的中华蜜蜂，啄穿箱壁或树桶，缩短蜂箱的使用寿命，使越冬蜂群骚动、不安、散团、活动，导致蜜蜂难以安全越冬，同时增加了越冬蜜蜂的饲料消耗，使越冬蜂后肠积粪增加，寿命缩短，常导致“春衰”。啄木鸟危害也导致蜜蜂及巢脾暴露在外（彩图 12、彩图 13），蜂箱千疮百孔（图 7-1、图 7-2），给鼠类等其他敌害侵袭蜂群创造了条件。

图 7-1　啄木鸟秋季危害的蜂箱（王志 摄）

图 7-2　啄木鸟冬季危害的蜂箱（李杰銮 摄）

啄木鸟危害蜂群时，动作敏捷灵巧，一般选择背对人的地方啄击蜂箱，看见养蜂者巡视蜂场立即飞离，落于附近树上，待养蜂者离开后，会继续飞回原处啄击蜂箱，危害蜜蜂，较难驱离。

四、敌害诊断

啄木鸟主要以啄击蜂箱为主，若受害蜂箱有明显的孔洞，并且蜂箱下方有大量木屑，则可以判断为啄木鸟危害。

山区蜜蜂室外越冬过程中，在巡视越冬蜂群时，若听到啄木鸟叫声，或经检查发现鸟类啄击的痕迹，可判断受啄木鸟危害。

五、防控方法

啄木鸟是益鸟，被称为“森林医生”或“森林卫士”，禁止捕杀，应以阻拦或驱赶为主。

图 7-3 泡沫蜂箱的越冬防护网（王新明 摄）

1. 蜂箱防护 蜂箱摆放不要过于暴露，不宜过高。蜂箱尽量采用坚硬的木料，可用铁丝网包裹蜂箱（图 7-3），也可制作防啄木鸟侵害的专用防护装置（图 7-4），避免啄木鸟接近蜂箱。饲养中华蜜蜂时，一般的树桶式蜂箱较易被啄坏，应提前做好防护处理（彩图 14、图 7-5），及时补救被啄木鸟危害过的蜂箱。

图 7-4 啄木鸟防护装置（李杰銮 摄）

图 7-5 单箱桶养中华蜜蜂的越冬防护（王志 摄）

2. 室内越冬 在山区的啄木鸟分布区饲养蜜蜂时，可以选择较为安全的室内越冬方式。

3. 惊吓驱赶 加强蜂场巡视，如啄木鸟危害严重，用惊吓等方法驱赶。

第八章 蜂狼

蜂狼，膜翅目（Hymenoptera），方头泥蜂科（Crabronidae），大头泥蜂亚科（Philanthinae）昆虫的俗称。

一、形态特征

蜂狼一般体长 12～16 mm，比蜜蜂略长，头大，头部和胸部呈黑色，腹部呈浅黄色；胸部背板坚硬，工蜂具有螯针，但不尖锐，用手触蜇刺很浅，蜂毒反应不大。雄性蜂狼不具有螯针。

二、生物学特性

蜂狼是一种独居的捕猎蜂，多栖息于丘陵地带和山区，较少在平原地区。蜂狼巢穴多选择在碱性的垃圾堆、沙壤、公路的裂缝以及房子的墙基处，在野外常选择堤坡、渠道、丘谷断层、河床等立剖面的裸露处，于易碎又能压实的砂性土壤中横向打洞筑巢（图 8-1），也有在砂性土壤中向下纵向打洞的（图 8-2），众多蜂狼习惯聚集在同一坡面或剖面上筑巢，形成大小不一的群落，洞口密密麻麻连成一片。巢门多向西、北方向，巢深 40～85 cm，巢内分成多个巢室存放食物（图 8-3），并供雌蜂狼产卵。一个洞口内主通道上分 3～16 个巢室，1 个巢室内放 4～12 只蜜蜂猎物，在巢室入口处放入的最后一只蜜蜂体上产卵后，用土堵住巢室，再挖掘下一个巢室。在筑巢、捕猎、饲喂、哺育幼虫等活动中，多数雌性蜂狼单独行动。蜂狼雄蜂能采蜜，不捕食蜜蜂，蜂狼的工蜂既能采蜜，又捕食蜜蜂，还吸食蜜蜂蜜囊内的蜜。

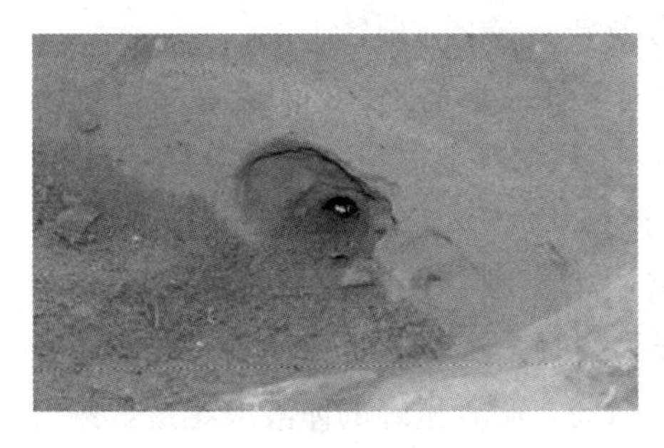

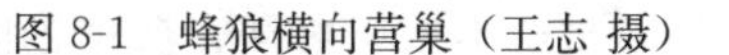

图 8-1 蜂狼横向营巢（王志 摄）

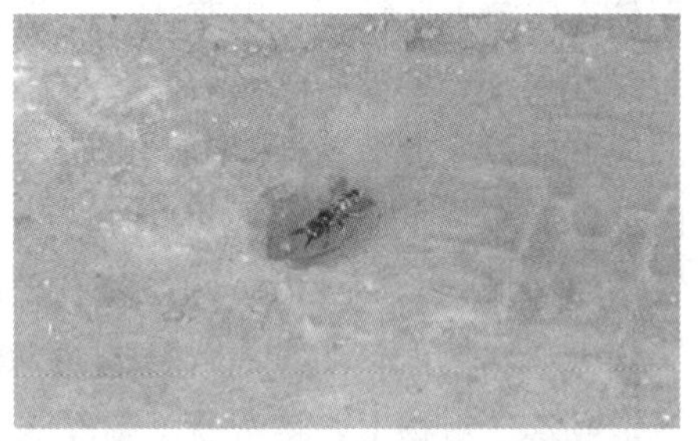

图 8-2 蜂狼纵向营巢（王志 摄）

在繁殖季节，雄蜂狼通过信息素标记领地，吸引雌蜂狼前来交尾。一般爬在植物上交尾 5～10 min，有时雄蜂狼和雌蜂狼在交尾中一起短暂飞行，然后落下脱离。交尾后雌蜂狼开始大量捕猎蜜蜂，将其储藏在巢内的巢房中，然后在蜜蜂体上产卵。蜜蜂受蜂狼毒性的影响，半死不活、不腐烂，成为蜂狼幼虫的新鲜食物（彩图 15）。卵 2 d 孵化为幼虫，幼虫孵化后便以巢房内的蜜蜂为食，巢内有很多被吃剩的蜜蜂完整尸体和肢体残骸。幼虫 7～10 d 达到最大虫体，然后作茧，在巢室内越冬，翌年春夏季羽化为成虫。蜂狼的幼虫呈暗白色，蛹在长三角形的囊中发育为成蜂（图 8-4）。以蛹或作茧的虫越冬。

图 8-3 蜂狼巢穴剖面（王志 摄）

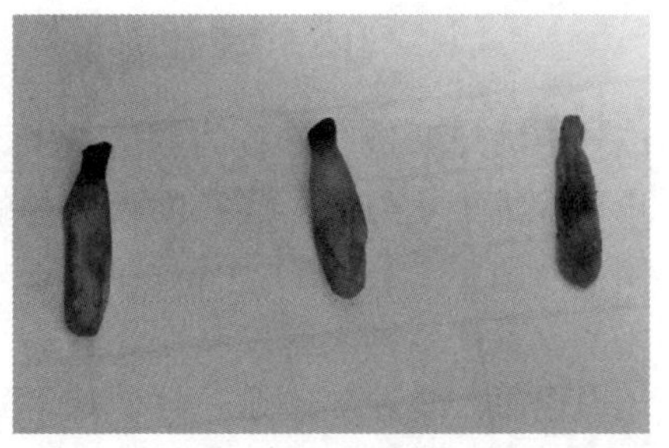

图 8-4 蜂狼蛹在囊中发育（王志 摄）

三、分布及危害

蜂狼在全球多个国家有分布，其中美国、德国、荷兰等国家的蜂业受蜂狼危害严重。世界蜂狼分布区多在北纬 30°以北。在我国，蜂狼主要分布在吉林、内蒙古、辽宁、黑龙江、河北以及新疆等北方地区。

蜂狼是一种独居的掘地蜂，每年5—9月最为猖獗，它们会在蜜蜂出没的地方进行捕食活动（图8-5、图8-6），1只雌蜂狼大约每天捕捉蜜蜂10只以上，属蜜蜂的捕食性敌害。在有欧洲蜂狼（*Philanthus triangulum* F.）筑巢的区域内，每平方米被蜂狼捕猎用来饲喂幼虫的蜜蜂至少有150～200只，多时可达750只。蜂狼在蜜蜂采集时，从背部猛扑，顺势抱住蜜蜂飞走或落于植物上，将蜜蜂蜇刺成麻醉状态，吸食蜜蜂的体液或花蜜，然后将其抛弃，受危害的蜜蜂腹部强烈收缩。蜂狼也会沿着蜜蜂从蜜源植物回巢的飞行路线进入蜂场，在箱前危害蜜蜂。蜜蜂采集后归巢飞落踏板前，飞行速度减慢，蜂狼乘机飞来捕捉蜜蜂。蜂狼需要饲喂幼虫，一般并不会将蜜蜂直接咬死，而是将蜜蜂带回巢内，供幼虫出生后食用。

图8-5　蜂狼在蜂场内猎杀蜜蜂（王志 摄）

图8-6　蜂狼在蜜蜂授粉地伺机捕杀蜜蜂（王志 摄）

多数蜂群遭受蜂狼的危害，不敢出巢采集，巢门前形成密度较大的蜂团（彩图16、图8-7）。蜂狼干扰蜜蜂采蜜，致使蜂蜜大幅度减产，蜜蜂也不敢出巢采集花粉和水，致使蜂群缺粉断子，巢内外勤蜂减少，只剩幼蜂，受害严重者群势下降50%以上。蜜蜂受蜂狼的危害，弱群、小群抵抗力弱，全群飞逃，受害蜂群在早晨飞逃的较多，有时一个蜂场一天早晨飞逃10余群。东方蜜蜂受到蜂狼危害时，不出巢采集，常整群弃巢飞走。

图8-7　蜜蜂在巢门口抵抗蜂狼（王志 摄）

蜂狼在35 ℃以下的气温条件下频频出巢寻找采捕目标，飞行距离2 km

左右。蜂狼只捕食鲜活的蜜蜂，不捡食死亡的蜜蜂。在干旱高温的时期或地区，蜂狼繁殖率高，危害蜜蜂程度较重，多雨、洪涝、湿度大时，蜂狼繁殖率低，危害程度减轻。所有大头泥蜂属的种类都会猎食蜜蜂，但欧洲狼蜂只猎捕西方蜜蜂。

四、敌害诊断

受蜂狼危害严重的蜂场，可在蜂场上空或周边蜜源植物附近发现盘旋的蜂狼。蜂狼除在空中猎捕蜜蜂外，也到巢门口猎捕蜜蜂，巢门口常有蜜蜂聚集围攻蜂狼，因此在蜂场内即可看到明显的危害状。

五、防控方法

1. 人工扑打　蜂场受蜂狼危害较轻时，可组织人员进行扑打或网捕灭杀。

2. 毁灭蜂巢　春秋季节组织人力寻找并捣毁蜂狼的蜂巢，挖出蛹虫，并结合杀虫药物浇灌，降低蜂狼的生存量。或用镊子将浸入杀虫药物的药棉送入蜂狼洞中，然后用泥将洞口封闭，熏杀蜂狼及其幼虫。使用药物灭杀蜂狼时，要选择杀伤力强、不污染环境的药物。蜂狼的巢穴较为隐蔽，因此较难根除。

3. 蜂场躲避　蜂狼繁殖期危害猖獗时，可以把蜂场转移到没有蜂狼危害的地方，暂时躲避蜂狼。原场地没有蜜蜂供蜂狼饲喂后代，断绝了蜂狼的食物来源，大大减少了蜂狼的数量。待蜂狼繁殖力下降，对蜜蜂的危害程度减轻时，再把蜂群搬回原场地。

第九章 蜘蛛

蜘蛛，蛛形纲（Arachnida），蜘蛛目（Araneae）的总称。

一、形态特征

蜘蛛个体大小差异较大，体长 0.05～60 mm。蜘蛛腹部较大，多为圆形或椭圆形，有 4 对长足。不同种类的蜘蛛单眼数量不同，通常为 8 个，排成 2～4 行分布，体外被有几丁质外骨骼，颜色因品种的不同存在一定的差异，腹面中间或后端带有纺绩器，部分蜘蛛带有毒腺。

二、生物学特性

蜘蛛性情凶猛，食性单一，以捕食小昆虫为主。蜘蛛的生活方式主要有游猎型和定居型两种，其中游猎型居无定所，不结网，不筑巢，四处捕食。对蜜蜂威胁较大的是定居型。定居型蜘蛛可结网，通过结网捕食飞行路过的蜜蜂等小昆虫（图 9-1）。定居型蜘蛛的腹部末端有纺绩器，当需要结网时，便爬到一定高度，从纺绩器里排出胶状物质，这些胶状物质遇到空气即变成细丝。这些细丝不断延伸合并成一股丝线，随气流飘浮，遇到物体即可黏着，随后蜘蛛顺丝线爬行，结出有规则的蜘蛛网。蟹蛛不结网，不结巢，在地面或植物上活动，也躲藏在花上，捕食蜂和蝇类等（图 9-2）。

图 9-1 结网捕食昆虫的蜘蛛
（李志勇 摄）

图 9-2 不结网捕食昆虫的蜘蛛
（王志 摄）

三、分布及危害

蜘蛛在世界各地均有分布，目前已定名的蜘蛛达 2 000 多种。蜘蛛通常以捕食昆虫为生，其中球腹蛛科、蟹蛛科、漏斗蛛科、肖峭科、元蛛科等危害蜜蜂较为严重。常见的蜘蛛种类有白色大球蛛（*Epeira obesa*）、红黄球蛛（*Epeira raji*）、弓足花蛛（*Misumena vatia*）、迷宫漏斗蛛（*Agelena labyrinthica*）等。

蜘蛛会在蜂箱间、蜂场周边（图 9-3）、花间（彩图 17）、林下（图 9-4）等蜜蜂常出没的地方结网，捕捉成年蜜蜂，属于蜜蜂的捕食性敌害。蜘蛛的密度一般每平方米就有 1 只，多的可达 2～3 只，甚至更多。球腹蛛科对蜜蜂危害较大，喜结大网。球腹蛛较多的年份，野外蜂群每 10 d 左右损失采集蜂达几万只。一旦蜜蜂触网，蜘蛛便会迅速上前，吐丝将蜜蜂缠住，然后用口器注入毒液，使蜜蜂内脏化为液体并吮吸食用，最后只剩下一具空壳。蜜蜂较多无法全部食用时，蜘蛛会将蜜蜂用丝线缠住留存（图 9-5）。处女王婚飞交尾的季节，也有可能被蜘蛛捕获。

图 9-3 蜂场周边猎捕的蜜蜂
（李志勇 摄）

图 9-4　林下猎捕的蜜蜂（王志 摄）

图 9-5　被蜘蛛猎捕后留存的蜜蜂（王志 摄）

蟹蛛在地面或植物的花上快速捕杀蜜蜂（彩图 18、彩图 19），有些种类体色艳丽，与花颜色相混合，能够较易捕食蜜蜂或其他昆虫（图 9-6）。蟹蛛主要取食蜜蜂体液，解离蜜蜂体躯。

图 9-6　蜘蛛猎捕蜜蜂（李志勇 摄）

一些中小型蜘蛛如漏斗蛛科会在灌木丛或杂草丛中结很多漏斗网，潜藏在漏斗网的尖细溢口处等待昆虫落网。一些非常小型的蜘蛛也可能进入蜂巢，有时在巢脾上可见一些小型的蜘蛛网。

四、敌害诊断

危害蜂群的蜘蛛较多，其中球腹蛛科较易被发现，在蜂场附近常可见蜘蛛网。

五、防控方法

1. 选择场地　建设蜂场或转地蜂场落地时，尽量选择蜘蛛较少的地区。

2. 清除蛛网　定地蜂场在日常管理中，应注意蜂场卫生，每天早晨清除附近的蜘蛛网，并经常清扫墙角和房檐等角落处的蛛网。可集中时间每天检查一次，捣毁蛛网，并对新修复的蛛网再次捣毁，连续 3～4 次后，蜘蛛就会自行离去。

3. 加强管理　饲养强群、垫高蜂箱可预防小型蜘蛛进入蜂巢。发现蜘蛛危害蜜蜂，可人为捕捉，消灭蜘蛛。少数蜘蛛有毒，在捕捉时应注意自身安全。

第十章 蟾蜍

蟾蜍，两栖纲（Amphibian），无尾目（Anura），蟾蜍科（Bufonidae）动物的总称，俗称癞蛤蟆。

一、形态特征

蟾蜍形似青蛙，但体形肥大，头和背上皮肤粗糙，呈灰黑色。头部眼后有隆起的毒囊，能分泌毒液。背上有疣状突起，腹部呈白色。四肢等长，趾间有蹼，行动迟缓。

二、生物学特性

蟾蜍是一种两栖动物，白天潜伏，夜间活动。繁殖过程和蝌蚪的生长发育均在水中进行，水温 18～32 ℃为宜。蟾蜍无交配器，繁殖季节雌、雄蟾蜍在水中抱对，同时向水中产卵和产精，二者在水中受精形成受精卵。每只雌性蟾蜍能产卵 3 000～5 000 粒。受精卵经胚胎发育形成蝌蚪，主要以水中的蓝藻、绿藻为食。随着蝌蚪的成长，食物逐渐改为小鱼、小虾，完全发育为蟾蜍后捕食蚯蚓、蜗牛、蜜蜂等动物。此外，蟾蜍是变温动物，当水温低于 10 ℃时便会冬眠。

三、分布及危害

蟾蜍分布广泛，全世界大部分地区均有分布，南美洲和大洋洲分布的种类最多，在我国已经确定的蟾蜍种类只有 6 种，其中中华大蟾蜍（*B. gargarizans* Cantor）、黑眶蟾蜍（*B. melanostictus* Schneider）、华西大蟾蜍（*B. Andrewsi*）和花背蟾蜍（*B. raddei* Strauch）最为常见。

蟾蜍和蜜蜂之间是捕食关系，经常捕食蜜蜂，属于蜜蜂的捕食性敌害。蟾蜍是两栖动物，大部分时间生活在陆地上，常生活在稻田种植区、林区、野外、院落等环境相对潮湿的地方。位于山区和林区边缘的蜂场，在夏秋季节或雨后，或者外界食物较少的情况下，蟾蜍会成为严重敌害之一，甚至毁掉蜂群。

蟾蜍白天隐藏于蜂场附近甚至箱底，夜晚捕食蜜蜂。一般在天气炎热的夜晚，蟾蜍会在巢门口捕食扇风的蜜蜂，东方蜜蜂和西方蜜蜂的各类蜂箱口均可见到蟾蜍（彩图 20）。蟾蜍捕食量相当大，一只蟾蜍在一个夜晚就可以吃掉数十只到上百只蜜蜂。成年蟾蜍不惧怕蜜蜂蜇刺，年幼的蟾蜍在捕食中常遭到蜜蜂蜇刺，在躲避蜇刺后，年幼蟾蜍会返回巢门口继续捕食。蜂群若长时间受害，轻者群势削弱，重者全群覆灭。

四、敌害诊断

受蟾蜍危害的蜂场周围可听到明显的蟾蜍叫声。蜂场巡视或检查蜂群时，发现巢门口聚集成堆的带蜜蜂躯体的粪便，即可诊断为蟾蜍危害。

五、防控方法

蟾蜍不专食蜜蜂，对农业害虫和林业害虫均有较强的捕食作用，因此在防控上应以驱赶为主。

1. 加强蜂场管理 保持蜂场环境干燥，经常铲除蜂场周围的杂草、杂物，尤其一些石块、木块、板材及其他生活物资应远离蜂箱摆放，避免蟾蜍隐藏或聚集。

2. 垫高蜂箱 用支架把蜂箱支高离地 0.5 m 以上，不让蟾蜍接触巢门，以免其捕食巢门口的蜜蜂。也可以用细铁丝网将蜂场包围，或将蜂箱紧密地排成圆圈状，巢门向内，从而使蟾蜍无法捕食蜜蜂。

3. 阻隔防控 在蜂场周围挖掘 0.5 m 的深沟，沟壁光滑，坑底宽度大于坑口，防止蟾蜍攀爬。或用塑料布设置 0.5 m 的围栏，防止蟾蜍接近蜂箱。

4. 加强巡视　坚持每天傍晚巡视蜂场，注意观察蜂箱巢门，一旦发现蟾蜍，即刻进行人工捕捉。一般情况下，连续捕捉几晚，基本可以控制蟾蜍危害。捕捉的蟾蜍，带离蜂场 1 000 m 以上予以放生。

第十一章 蚂 蚁

蚂蚁，膜翅目（Hymenoptera），蚁科（Formicidae）。

一、形态特征

蚂蚁分蚁后、雌蚁、雄蚁、工蚁和兵蚁 5 种。蚁后腹部大，触角短，有翅、脱翅或无翅。雌蚁和雄蚁有 2 对翅，前翅略大于后翅，多数为黄色、褐色、黑色或橘红色。工蚁无翅，复眼小，单眼极微小或无单眼，上颚、触角和 3 对足均较为发达，触角膝状，柄节较长，腹部多呈球形，胸腹间有明显的细腰节。兵蚁头大，上颚发达。蚂蚁幼虫呈白色，腹足退化、蛆形，蛹化在茧中，茧呈白色、长椭圆形。

二、生物学特性

蚂蚁为杂食性动物。多数种类的蚂蚁喜欢将巢穴筑在地下洞穴、石下或树皮内。有“贮粮”的习性，喜欢取食甜味、血腥味的肉类和动物尸体等作为食物，还会侵袭如蜜蜂等活体。在夏季，数千只有翅的雌、雄蚁出巢婚飞。雌、雄蚁在空中交配后，降落地面，雄蚁死亡，雌蚁脱翅寻找适宜场所产卵。蚂蚁的寿命较长，工蚁的寿命为几周至几年，蚁后的寿命长达几年甚至十几年。

三、分布及危害

蚂蚁分布较为广泛，尤其在高温潮湿的森林地区分布最多，已知有

5 000多种。危害蜜蜂的常见种类有大黑蚁（*Camponotus japonicus* M.）、小黄家蚁（*Monomorium pharaonis* L.）等。分布于四川一带的大黑蚁，危害蜜蜂较为严重，弱群更易受害。

蚂蚁是一种社会性昆虫，常从蜂箱裂缝或弱群巢门口处侵入蜂箱内（图11-1），盗抢蜂蜜、花粉、饲料和蜡屑等，甚至取食幼虫、蛹或将死的成蜂（图11-2），扰乱蜂群生活，而蜜蜂却无法驱逐个体较小的蚂蚁，属于蜜蜂的侵扰性敌害。蚂蚁危害常致蜂王停止或减少产卵，导致群势削弱，甚至全群弃巢飞逃，尤其对中华蜜蜂的危害较大。蚂蚁还可以叮咬蜜蜂（彩图21），进攻蜂群，严重时直接导致蜜蜂死亡，摧毁强大蜂群。蚂蚁危害严重时，甚至在弱群或交尾群的箱盖下营巢，有的直接占据巢脾营巢（图11-3），破坏蜂箱等蜂具（图11-4），妨碍蜂群管理。

图11-1 蚂蚁入侵弱群蜂箱
（王志 摄）

图11-2 蚂蚁拖走蜜蜂躯体
（陈东海 摄）

图11-3 蚂蚁入侵蜜蜂巢房
（李志勇 摄）

图11-4 蚂蚁毁坏蜂箱
（李志勇 摄）

四、敌害诊断

受蚂蚁危害的蜂群，可以发现蚂蚁在巢门、蜂脾、饲喂器或蜂箱裂缝处活动，危害严重时，可发现木质或泡沫蜂箱被蚂蚁破坏的痕迹。

五、防控方法

蚂蚁的生存能力强，难以根除，另外蚂蚁和蜜蜂都属于膜翅目昆虫，因此在防控蚂蚁时，应多采用物理方法驱赶，尽量不选择药物防控，以免对蜂群造成影响。

1. 饲养强群 蜜蜂自身具有在巢门口防御蚂蚁进入蜂箱的行为，它们依据蚂蚁的气味在巢门口做出反应，采用扇风、蹬踢等方式，阻止蚂蚁进入蜂箱。蜂群健康强壮，可以大大提高对蚂蚁的自然抵御能力。选择分蜂性弱且能维持强群的蜂群培育蜂王，做到蜂脾相称或蜂略多于脾，则蚂蚁无法上脾危害。

2. 架高蜂箱 蜂群受蚂蚁危害时，可以将蜂箱架起，将 4 根箱脚插在有水的碗中，碗内始终保持有水，可以阻碍蚂蚁接近蜂箱。也可以制作专门的防蚁蜂箱脚架预防蚂蚁（图 11-5、彩图 22）。

图 11-5 防蚂蚁架（王志 摄）

3. 驱避法 如果蚂蚁危害较轻，用经过微火烤过的鸡蛋壳粉末撒在蜂箱的周围，可有效驱避蚂蚁。如果蚂蚁危害较为严重，可以用明矾和硫黄粉撒入蚁穴，或将鲜薄荷置于蜂场中，能起到驱逐蚂蚁的作用。

4. 隔离法 在蜂箱四周挖一条深 10 cm、宽 5 cm 的小沟，在小沟内用水泥抹光滑或垫入塑料布，注入清水，锄掉蜂箱四周的杂物、杂草，防止蚂蚁筑窝或借其他物品侵入蜂箱。

5. 化学方法 当蚁害特别严重又无法搬离场地时，可以选择捣毁蚁穴或毒杀蚂蚁的方法。毒杀蚂蚁时，将灭蚁灵或灭蟑螂药撒在蚁巢附近，让蚂蚁将毒饵拖回蚁巢，将蚂蚁毒杀。

12 第十二章 鼠

鼠，哺乳纲（Mammalia），啮齿目（Rodentia），鼠科（Muridae）动物的总称。

一、形态特征

家鼠的体型偏大，体长 8～30 cm，尾细长，通常略长于体长，体表被毛稀疏，背部颜色偏暗，通常呈黑灰色、灰色、褐色等，腹部呈灰色、灰白色等，后足较大。

二、生物学特性

家鼠是人类的伴生种之一，凡是在人类聚居处均有它的身影，仓库、厨房、洞穴、灌丛，无论室内或室外均可成为鼠的栖息地。鼠多数打洞贮存食物、繁育后代、防御敌害。鼠多在夜间活动，主要以植物种子、树皮、果蔬、草籽等为食，还会在蜂巢附近打洞建巢，破坏蜂箱（彩图 23），盗取蜂蜜，危害蜂群。

鼠繁殖能力极强，每胎可产 4～7 只，一年可产 6～8 胎，且幼崽当年即可达到性成熟并参与繁殖。春季因存粮减少，家鼠活动频繁；夏季和秋季食物来源稳定，家鼠活动猖獗，开始大肆繁殖；冬季不冬眠，仍持续活动，寻找粮仓等盗取粮食，对越冬蜂群危害较大。

三、分布及危害

鼠类约有500余种，在世界各地均有分布，是最常见的哺乳动物，也是蜂群最普遍的敌害。在我国，危害蜜蜂的主要有家鼠（*Mus musculus*）和森林鼠（*Apodemus sylvaticus*）。

鼠类可被蜂群中储存的蜂蜜吸引，并伺机盗取蜂蜜，属蜜蜂的掠食性敌害。春夏季节蜂群活动频繁，守卫力量强，鼠类体型巨大，很难侵犯蜂群。而当蜂群抱团越冬后，蜂巢门口守卫薄弱，老鼠伺机由巢门或蜂箱裂缝处进入蜂箱，或直接咬坏蜂箱，盗食蜂蜜，咬坏巢脾（图12-1、图12-2）和巢框进行筑巢，在蜂箱内越冬。鼠甚至侵入蜂团，吃掉巢脾和蜜蜂，致使蜂群不安，导致蜂群越冬不良，严重时可导致蜂群受惊散团，增加越冬蜂下痢等疾病的发病率，甚至部分蜜蜂离团冻死（图12-3）或整群越冬失败（图12-4）。

图12-1　鼠危害巢脾一（王明富 摄）

图12-2　鼠危害巢脾二（王明富 摄）

图12-3　鼠危害导致越冬蜂死亡（王明富 摄）

图12-4　鼠危害的越冬蜂巢（王明富 摄）

鼠的粪便和尿液所产生的气味，常造成蜂群春季放弃蜂箱，严重影响春繁。此外，鼠可携带多种人类致病菌，通过污染蜂蜜、蜂蜡等蜂产品及其他养蜂用具，向人类传播。室外越冬场所，鼠常利用蜜蜂的保温物筑巢，危害蜜蜂越冬安全。

四、敌害诊断

鼠主要危害越冬蜂群，被鼠危害的蜂群，蜂箱和巢脾有被咬坏的痕迹，在蜂箱周围或内部，可发现鼠粪。检查越冬情况时，如听到鼠啃咬木头的声音，或蜂群不安定，有鼠活动痕迹时，可以判断蜂群遭受鼠害。

五、防控方法

1. 缩小巢门 在饲养过程中，应时常检查蜂箱情况，及时填补缝隙，尽早更换箱壁破旧的蜂箱。巢门是鼠类潜入蜂群的主要入口之一，可在一定程度上缩小巢门口的大小，避免鼠类从巢门口进入蜂箱。也可以将蜂箱巢门用铁钉钉牢，钉与钉之间只留能容单个蜜蜂自由进出的小孔，箱体上加铁纱副盖钉牢，防止鼠类进入蜂箱。

2. 注意防范 注意检查蜜蜂的越冬场所和设施，要用混有铁渣或玻璃碎片的黏土堵塞鼠洞和越冬室的缝隙。清理蜂场周围的杂草有助于控制鼠的进入，在蜂箱周围散上木屑或松针，也可趋避鼠类。鼠类主要在蜜蜂越冬期危害蜂群，因此越冬场所内不要储存或夹带谷物，以免吸引鼠类前来取食，进而危害蜂群。

3. 越冬观察 蜂群越冬时，要勤于观察蜂群情况，发现异常，及时开箱检查处理。定期用自制铁丝钩伸入巢门，从巢门口掏出蜂尸，若掏出的死蜂残缺无腹部，且蜂箱周围有鼠粪，说明已有鼠入侵，并已造成一定的危害。此时用胶管插入巢门，若声音嘈杂、混乱，则可能鼠害严重，需要马上开箱处理。若听不到声音，则可能蜂群已被老鼠害尽。若有微弱声音，变化不大，蜂群基本正常，可以选择晴暖的中午开箱检查。

4. 捕杀防控 可以在越冬室蜂箱巢门口和蜂箱周围布设捕鼠器和粘鼠板，阻碍鼠类接近蜂箱。还可以在越冬室角落布置毒饵，以谷粒、面包屑等食物拌以鼠药诱杀或毒杀鼠类。也可以饲养家猫捕杀鼠类。

第十三章 熊

蜜蜂的次要敌害较多，依据对蜜蜂的危害程度和分布区域大小，从本章开始对次要敌害进行简要介绍。

熊，食肉目（Carnivora），熊科（Ursidae）。

一、形态特征

熊身体粗壮，四肢有力，足有5趾，具有强壮而伸缩的爪。头大而圆，颈短，眼小，尾短，毛色一致，毛厚而密，齿大，但不尖锐，裂齿不如其他食肉目动物发达，耳短而圆，嗅觉和听觉能力很强。

二、生物学特性

熊生活在森林中，尤其是植被茂盛的山地。在夏季时，熊常在海拔较高的山地活动，在冬季则会迁居到海拔较低的密林中，属杂食性动物，取食植物嫩叶、各种浆果、竹笋和苔藓等，另外也捕食各种昆虫、蛙和鱼类等，尤其喜爱取食蜂蜜。

三、分布及危害

熊在寒带到热带均有分布，我国最常见是亚洲黑熊（*Selenarctos thibetanus*），属于珍稀物种。

熊是一种杂食性的大型哺乳动物，在野外有蜂场的地方，熊特别喜欢取食蜂群里的幼虫和蜂蜜，属于蜜蜂的掠食性敌害，有些地区每年受熊危害可损失蜜蜂 700～800 箱。分布于印度的蜜熊（*Melursus ursinus*）常取食树上的蜂巢或大蜜蜂暴露在外的巢脾，在夜间会撞击大蜜蜂巢脾使守卫蜂混乱。我国北方森林里有熊出没，对山区蜂群的危害极大。熊常在夜间潜入蜂场，破坏蜂箱和巢脾（图 13-1、图 13-2），吞食幼虫和蜂蜜。一只熊一个夜晚能摧毁多群蜜蜂，严重时可将整个蜂场摧毁，对野生的中华蜜蜂蜂群危害巨大。

图 13-1　熊破坏的蜂箱（柏建民 摄）

图 13-2　熊危害后的蜂箱和巢脾（柏建民 摄）

熊的皮肤很厚，全身被长而密的毛保护，蜜蜂的螫针很难刺入，并且熊对蜂毒具有一定的免疫力，但其眼角和鼻子等部位的皮毛较薄，容易被蜇刺。熊虽然被蜇，但熊对蜂蜜的喜好更胜过被蜇造成的疼痛，这是动物本身的生理反应。

图 13-3　熊未取食的子脾（柏建民 摄）

熊能轻松掀翻蜂箱，取出巢脾啃食，地上常见有未取食的巢脾（图 13-3）。熊也经常用巨大的手掌直接砸坏蜂箱，将巢脾撕开扔掉，有时熊被蜇后会暂时逃跑，但很快会返回继续取食箱里的蜂蜜。有时熊为了躲避人类，进入蜂场后，会搬走蜂场边缘的蜂箱，边走边摧毁蜂箱，扔掉碎脾，并吃掉蜂蜜和子脾。熊一旦吃到蜂蜜，会往返多次偷食蜂蜜，且不惧怕人类，很难驱赶。

四、敌害诊断

被熊破坏的蜂场，现场蜂箱、巢脾等凌乱不堪，而且在受害蜂箱的周围，可以观察到熊的脚印和充满蜜蜂破碎尸体的粪便（图 13-4）。

图 13-4　蜂场遗留含较多蜜蜂尸体的排泄物（王志 摄）

五、防控方法

国家将熊列入保护动物，禁止猎杀。对于熊的防控，应当以阻拦和驱赶为主。可以在蜂场四周建立电网，也可以在熊出没较频繁的地方，将蜂箱悬挂起来，离地 2～3 m，避免熊的袭击。夜间场外可用电灯或放鞭炮等方式对熊进行驱避。

熊对人也有一定的攻击性，因此在遇到熊时，应注意自身安全。有条件的蜂场，可尽量选择远离熊出没的地区放蜂。

第十四章 食虫虻

食虫虻，双翅目（Diptera），食虫虻科（Asilidae）。

一、形态特征

食虫虻体大粗壮，长约 30 mm。全身呈灰色或黑色，并夹有白色斑点，多毛，腹部细长，有白色环纹，足长，头部具有细小的颈，触角向前方伸展。部分食虫虻具有蜜蜂的拟态，使其更易接近蜜蜂。

二、生物学特性

食虫虻性情凶猛，具有杂食性，可捕食蝉、椿象、蝗虫、蛾蝶、胡蜂、蜻蜓、步甲等大部分昆虫，还可捕食蜘蛛以及同类，是昆虫界中的顶级捕食者。一年或两年完成一个世代，幼虫有 5～8 个龄期。食虫虻喜欢栖息在田间、旷野或蜜源植物上（图 14-1），也经常逗留在蜂场庭院附近（图 14-2）。

图 14-1 食虫虻在蜜源植物上（王志 摄）

图 14-2　食虫虻在庭院（李志勇 摄）

三、分布及危害

食虫虻在全球分布较为广泛，约有 5 000 种。在北美地区，食虫虻对当地蜂业的危害较为严重。*Promachus fitchii* 等多种食虫虻，在美国许多州被称为蜜蜂的杀手。我国常见的食虫虻有中华单羽食虫虻（*Cophinopoda chinensis*），这种食虫虻在日本和朝鲜也有分布。

食虫虻是一种捕食性天敌昆虫，许多食虫虻种类对蜜蜂表现出较大的偏好性。食虫虻飞行能力强，能轻易捕捉飞行中的蜜蜂，捕捉后落在植物上（彩图 24、图 14-3），并用口器刺入蜜蜂颈膜，吸取血淋巴，使蜜蜂死亡。

图 14-3　食虫虻捕食蜜蜂（李志勇 摄）

四、敌害诊断

食虫虻危害严重的蜂场，蜂箱周围和蜂场上空可见食虫虻盘旋，并捕捉飞行的蜜蜂。有时食虫虻落在蜂箱上休息。

五、防控方法

由于食虫虻的卵四处散播，防控困难，蜂场尽量不要选择食虫虻聚集区。

夏秋季节是食虫虻的高发时期，养蜂者应在此期间加强蜂场巡视，人工扑打，减少损失。

第十五章

武氏蜂盾螨

武氏蜂盾螨，真螨目（Acariformes），跗线螨科（Tarsonemidae），蜂盾螨亚科（Acarapinae），又称气管螨、壁虱、武氏蜂附线螨，生活在蜜蜂气管和气囊内，引起蜜蜂气管壁虱病，又称恙虫病、恙螨病、怀德岛病。

一、形态特征

武氏蜂盾螨卵呈椭圆形、珍珠色，体大透明，长 110～128 μm，宽 54～67 μm。

幼螨椭圆形，体长比成螨稍大，长 200～225 μm，宽 100～140 μm；足 3 对，1 对发育良好，2 对足退化；行为活泼，为武氏蜂盾螨主要取食阶段。

雌成螨呈椭圆形，长 120～190 μm，宽 77～80 μm；背部有 5 对背板，头胸节背面着生 8 对刚毛。雄成螨呈椭圆形，长 125～136 μm，宽 60～77 μm；背板着生 6 对刚毛，尾节具椭圆形肛板。雌、雄成螨均有 4 对腹足，分为 6 节；口器为一棘状小管，管内有二根棘刺，由上下唇、须肢组成。

二、生物学特性

武氏蜂盾螨（*Acarapis woodi* Rennie）生活史较短，发育阶段分为卵、幼虫、若螨和成螨。雄螨发育期 11～12 d，雌螨 14～15 d，雌、雄螨比通常为 3∶1 或 4∶1。武氏蜂盾螨主要聚集寄生在蜜蜂第 1 对气管基部产卵繁殖，1 只患病蜜蜂气管里常可见 100～150 只各期虫态的螨。偶尔也会寄生在成蜂腹部和头部的气囊内以及翅基部，蜂群越冬期常聚集在蜜蜂的翅基部产卵繁殖。

武氏蜂盾螨在蜜蜂气管内度过整个生活周期，只有雌螨寻找新寄主时暂时离开气管。不能在较大日龄的成蜂气管内完成发育周期，当寄主蜜蜂超过13日龄时，武氏蜂盾螨开始寻找新寄主。交配成功的雌螨通常被新出房的成蜂前胸气门发出的气味吸引，小于4日龄的成蜂表皮特定化合物对气管螨也具有吸引力。武氏蜂盾螨一旦找到适宜的寄主，雌螨便进入寄主气门，取食3～4 d后开始产卵，每只螨可产10粒卵。卵经3～4 d孵化出幼螨。幼螨历期6～10 d，通过取食蜂体血淋巴生长发育，经过短暂的预成虫期转化为成螨。雌螨在蜜蜂气管内与雄螨交配，完成受精。

武氏蜂盾螨侵袭蜜蜂分为3个阶段。第一阶段蜜蜂气管病变不明显，气管颜色仍然保持白色透明状，弹性良好，蜜蜂活动比较正常；15～18 d后进入侵袭第二阶段，武氏蜂盾螨大量繁殖，病状逐渐明显，蜜蜂气管淡黄色，布满不规则黑色斑点，弹性受到破坏；感染第27～30 d后为侵袭第三阶段，武氏蜂盾螨不同发育阶段的虫体充满了蜜蜂气管，蜜蜂气管壁变为黄褐色至黑色，失去弹性，易破裂。

武氏蜂盾螨不能长期生活在蜂体以外的蜂巢、箱壁等物体上，离开寄主气管暴露在外时，对干燥和饥饿较为敏感，生命依赖于环境温度、湿度和自身营养状态。其离开寄主几小时后就会死亡，也容易在蜜蜂飞行和相互清理过程中被迫离开蜂体而死亡。武氏蜂盾螨在热带地区，冬季种群增长，夏季种群衰落；在亚热带地区，消长规律相似。

武氏蜂盾螨在蜂群内通过蜂体间的相互接触与摩擦传播，通常选择具有密而柔软绒毛的幼蜂进行侵染。在蜂群间借助人工分蜂、合并蜂群、购买蜂王与笼蜂、盗蜂和迷巢蜂等传播。

三、分布及危害

武氏蜂盾螨寄生于西方蜜蜂、东方蜜蜂和大蜜蜂，是成年蜂的一种毁灭性内寄生螨，为国际蜂病的检疫对象，属于蜜蜂的寄生性敌害。1904—1919年致英国怀特岛蜜蜂连续死亡，1980—1982年致美国北部蜂群损失率达90%。一年四季均可发生，春季导致病蜂大量死亡，哺育力下降，蜂群发展缓慢，造成“春衰”；夏季蜂群采蜜阶段，危害症状减轻，但蜜蜂采集力、授粉率下降；秋季群势下降，群内青壮年蜂感染率上升，蜂群感染率达

30%以上的蜂群，将无法安全越冬；冬季武氏蜂盾螨常引起蜂群烦躁不安，无法结团，饲料消耗增加，缩短越冬蜂寿命，致使越冬失败。

武氏蜂盾螨侵袭工蜂、蜂王和雄蜂，但对蜜蜂的卵、幼虫和蛹不构成危害。寄生后堵塞蜜蜂气管，造成蜜蜂呼吸困难，出现典型的病状，失去飞翔能力；吸食血淋巴造成营养损失，刺破气管引起间接感染，破坏肌肉和神经组织，引起蜜蜂烦躁不安；受螨寄生的蜜蜂，后翅脱落，呈 K 形翅，严重时两翅脱落，在地面上缓慢爬行，腹部膨大并伴有下痢现象；有些病蜂身体出现颤抖和痉挛，最后衰竭而死。

四、敌害诊断

武氏蜂盾螨肉眼不可见，养蜂者根据群势下降、爬蜂和 K 形翅等特征诊断不可靠，通常需要在显微镜下，通过组织病理染色技术或酶联免疫吸附试验完成检查。

五、防控方法

1. 加强检疫 主要通过加强诊断和严格检疫，有效防控武氏蜂盾螨在我国的发生。禁止进口有壁虱病国家的蜂群，发现壁虱病蜂群坚决烧毁。

2. 加强饲养管理 选择向阳、背风的地点进行蜂群越冬，越冬前对发病蜂群要及时更换蜂王，留足饲料，培养足够的适龄越冬蜂，做好蜂群保温工作，提高蜂群抗螨力，早春提早排泄飞行，淘汰患病蜜蜂。对有壁虱病的蜂群，抽出封盖子，补充无病的蜜蜂组成新群，烧毁原群。外界流蜜时更换蜂王，抽出封盖子脾；流蜜期结束，补充老熟封盖子脾，降低蜂群感染率。

3. 化学防控 国际上主要采用烟剂、熏蒸剂和内吸剂等化学方法防控武氏蜂盾螨，主要药品为薄荷醇、甲酸、升华硫等。薄荷醇晶体是美国唯一授权的蜜蜂气管螨药，从野生薄荷属植物中提取，用大约 18 cm×18 cm 的塑料窗纱（约 6 孔/cm）做成包装袋，盛装 50 g 薄荷晶粒，放在巢脾上梁或箱底均可。使用甲酸是将 5 mL 甲酸装在 10 mL 注射瓶内，橡皮塞留有直径 1 cm 的小孔，插入 6 cm 长灯芯，露出 1 cm 灯芯；瓶子置于子脾下箱底，蜂箱四周密封，不关巢门；每天加药 5 mL，连续熏蒸 21 d。

4. 生物防治

（1）干扰法　在巢框上放一块用植物油制作的糖饼，植物油挥发的气味可起到干扰雌螨搜寻新寄主的作用，这样能有效保护幼蜂不被侵染。

（2）培育抗病蜂种　这是最有效的防控方法，具有清理行为的蜜蜂通常会表现出较高的抗螨性。

第十六章 黄喉貂

黄喉貂，鼬科（Mustelidae），貂属（Martes），又称青鼬、蜜狗、黑尾猫等。

一、形态特征

黄喉貂体形与家猫相似，体长 40～60 cm，体重 1.5～3 kg，头部与体躯较细长，头部为三角形，头背面、侧面、颈背、四肢和尾呈棕黑色或黑色，肩上部到臀部为黄色至深棕色，尾长，相当于体长的 3/4，四肢较短，爪小，并且锋利。

二、生物学特性

黄喉貂（*Martes flavigula* B.）喜欢生活在山地森林或丘陵地带，在树洞及岩洞中居住，喜欢攀爬树木，嗅觉灵敏，行动敏捷，多在夜间活动，常成对觅食，一般不成群，每年春季产仔，每胎 2～3 只，主要以啮齿类动物、鸟、蛙类、蚯蚓、昆虫及野果为食，嗜食蜜蜂的子脾和蜂蜜，一夜能摧毁数箱至数十箱蜂群。

三、分布及危害

黄喉貂广泛分布于亚洲，在我国的东北、山西、福建以及长江流域等 20 多个省份和地区均有分布。

黄喉貂是山区养蜂的重要掠食性敌害。冬季和春季是黄喉貂危害蜜蜂的主要时期，此时天气寒冷，百虫蛰伏，食物短缺，黄喉貂主要危害蜜蜂。它们夜间潜入蜂场，将蜂箱推倒，使箱盖翻落，巢脾暴露，蜜蜂离脾，从而嚼食子脾和蜜脾。因忌惮蜂蜇，常避开巢门，从箱后破坏蜂箱，用爪挠动巢脾，促蜂离脾，然后抓食蜂蜜，嚼食后吐出蜡渣散落地上。受黄喉貂危害的蜂场，秩序大乱，脾破蜜流，轻者群势下降，重者全群甚至全场覆灭。在东北地区冬季，黄喉貂常侵入蜂窖为害蜂群。

四、敌害诊断

受黄喉貂危害的蜂场，现场凌乱不堪，有明显的爪齿印记。

五、防控方法

黄喉貂是国家二级重点保护动物，禁止诱捕射杀，受到危害时，应以驱赶为主。

1. 养犬防护　犬能很好地驱逐黄喉貂。黄喉貂危害严重的山林蜂场，养犬是防控黄喉貂的首选方法，简单易行，省工省时，经济实用。

2. 蜂箱保护　可因地制宜，就地取材，应用杉刺或巴老刺等带刺枝条绑护蜂箱，能起到一定预防作用。也可用铁丝网将蜂场围起，尖角朝外，防止黄喉貂接近蜂箱。东北蜜蜂越冬时，蜂窖的通气孔应用铁丝网遮挡，蜂窖门口紧闭。

第十七章

斯氏蜜蜂茧蜂

斯氏蜜蜂茧蜂，膜翅目（Hymenoptera），茧蜂科（Braconidae），优茧蜂亚科（Euphorinae），蜜蜂茧蜂属（*Syntretomorpha*）。

一、形态特征

斯氏蜜蜂茧蜂雌蜂体长约 5.4 mm，呈黄色至黄褐色，触角着生位置较低，复眼大，复眼内缘稍内凹，单眼较小，头顶密布刻点；额光滑，中部凹陷，其边缘近复眼处对称隆起。前胸背板侧面具网状皱纹，中胸背板光滑，盾片心形，侧板中间区域光滑，足跗爪分裂。腹部第 1 背板细长、光滑。产卵器鞘较粗，产卵器长，端部弯曲。斯氏蜜蜂茧蜂雄蜂触角 32 节，体长 4.4 mm，体色比雌蜂暗。

二、生物学特性

斯氏蜜蜂茧蜂（*Syntretomorpha szaboi* Papp）寄生于东方蜜蜂，尚未发现寄生于西方蜜蜂。

斯氏蜜蜂茧蜂喜选择 10 日龄以内的中蜂幼蜂产卵，一般在每只中蜂体内产卵 1 粒（极少数产卵 2 粒），在蜂巢内完成生活史。斯氏蜜蜂茧蜂一般一年发生 3 代，第 1 代卵至老熟幼虫历期 36～39 d。幼虫老熟时纵贯中蜂腹腔，且 1 只中蜂体内仅 1 只茧蜂幼虫。斯氏蜜蜂茧蜂幼虫发育成熟后，咬破中蜂体壁，从腹部钻出，爬到蜂箱底部寻找缝隙、石缝、泥土等适宜的场所化蛹，这是斯氏蜜蜂茧蜂唯一暴露在蜜蜂体外的时期。幼虫对化蛹场所的要求较高，一般会选择在中华蜜蜂无法直接接触到的地方，幼虫需要花费大约10 min时间寻找化蛹场所，在蜂箱裂缝或阴僻处及箱底泥土内吐丝结茧化蛹（图17-1、图17-2），约经90 min后结茧完成。斯氏蜜蜂茧蜂以蛹茧越冬，茧为白灰色。

图17-1　蜂箱下斯氏蜜蜂茧蜂的蛹茧（王瑞生 摄）

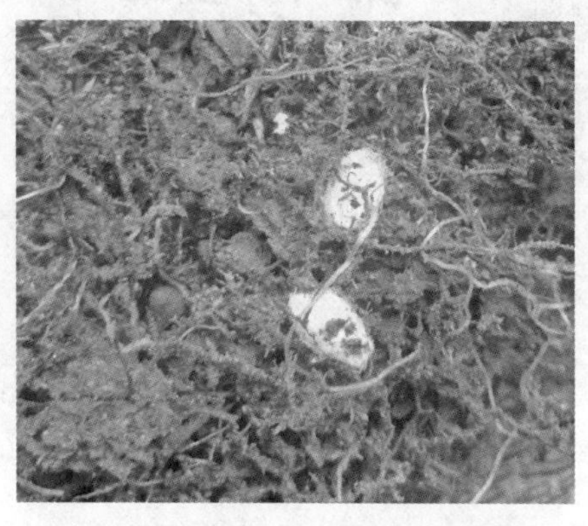

图17-2　蜂箱下斯氏蜜蜂茧蜂的蛹茧（王瑞生 摄）

斯氏蜜蜂茧蜂雌蜂多于雄蜂，成蜂从茧内羽化后，雌、雄蜂即追逐交尾（图17-3）。成蜂常栖息在蜂箱内，在炎热的夏季，可在圆桶蜂群的蜂箱外壁上找到成蜂。成蜂不趋光，飞行时呈摇摆状。中华蜜蜂蜂群在向阳处被寄生少，阴湿处被寄生多。斯氏蜜蜂茧蜂寿命较长，1～2代雌、雄成蜂在箱内可存活30 d以上。

图17-3　斯氏蜜蜂茧蜂交配（王瑞生 摄）

三、分布及危害

斯氏蜜蜂茧蜂在我国分布较为广泛，1973年以来，在贵州、广东等地发现斯氏蜜蜂茧蜂后，陕西、重庆、湖北、四川和台湾等地陆续报道斯氏蜜蜂茧蜂危害中华蜜蜂，并有向北方扩散的趋势。

斯氏蜜蜂茧蜂是蜜蜂的一种寄生性天敌，可在野生和家养中华蜜蜂蜂巢内完成世代发育，有寄生蜂的蜂场中，约70%以上的蜂群被寄生。斯氏蜜蜂茧蜂用产卵器刺入中华蜜蜂腹部2～3节之间的节间膜处，将卵产在中华蜜蜂工蜂的腹腔，寄生率可达20%左右。被寄生的中华蜜蜂工蜂，初期没有明显症状，仍可采花酿蜜。当斯氏蜜蜂茧蜂幼虫成熟时，会发现大量被寄生的工蜂离脾，六足紧卧，伏于箱底、内壁、箱前壁和巢门踏板处，被寄生中华蜜蜂的工蜂腹部膨大，丧失飞翔能力，爬蜂状，螫针不能伸缩，无法蜇人。当斯氏蜜蜂茧蜂的幼虫成熟后，会咬破中华蜜蜂体壁，从中华蜜蜂工蜂腹部钻出（图17-14），并寻找合适的场所化蛹。被寄生的中华蜜蜂工蜂个体死亡，蜂群质量差，采集积极性下降，群势也迅速下降。不论蜂群强弱，皆被寄生，幼蜂多的蜂群寄生率更高。

图17-4　从工蜂体内爬出的斯氏蜜蜂茧蜂老熟幼虫（王瑞生 摄）

四、敌害诊断

斯氏蜜蜂茧蜂危害严重的蜂群，会在箱底、蜂箱内壁、箱前壁和巢门踏板处发现大量静止不动的蜜蜂（图17-5），这些蜜蜂腹部膨大，颜色发黑，丧失飞翔能力，螫针不能伸缩，无法蜇人。

图17-5　被寄生的工蜂伏在巢门处（王瑞生 摄）

五、防控方法

斯氏蜜蜂茧蜂的体型较小，且整个生活史的大部分时间在寄主体内完成，依靠蜜蜂体壁形成天然屏障，无法清除斯氏蜜蜂茧蜂的卵或幼虫，化学药物也无法发挥药效，因此防控较为困难。目前对于斯氏蜜蜂茧蜂的防控，主要依靠综合管理进行预防。

1. 谨慎引入蜂群 避免从斯氏蜜蜂茧蜂分布区域引入中华蜜蜂蜂群。

2. 及时扑杀病蜂 利用中华蜜蜂工蜂体内寄生斯氏蜜蜂茧蜂腹部较大、行动迟缓等特点，定期将蛰伏于巢门不活动的工蜂分离，用开水烫死寄生斯氏蜜蜂茧蜂的病蜂，杀死斯氏蜜蜂茧蜂的卵和幼虫，切断其世代繁育，达到降低斯氏蜜蜂茧蜂成活率的目的。结茧前为最佳捕杀时段，也可通过拦截或引诱结茧前的老熟幼虫进行捕杀，从而杀死斯氏蜜蜂茧蜂。甚至可以发现一群销毁一群，以阻止其大面积扩散。

3. 加强蜂场管理，清除越冬蛹茧 在日常养蜂生产过程中，应定期清扫蜂箱，适时换箱，反复晒箱；斯氏蜜蜂茧蜂在蜂箱裂缝及蜡屑内或箱底泥土内作茧化蛹，故应在4月底羽化之前，彻底打扫蜂箱及箱底泥土，清除箱内外隐藏的斯氏蜜蜂茧蜂越冬蛹茧。

第十八章 芫菁

芫菁，鞘翅目（Coleoptera），芫菁科（Meloidae），俗称地胆，造成的危害被养蜂者称为地胆病。

一、形态特征

芫菁个体中等大小，呈长圆筒形，成虫咀嚼式口器，口器发达，触角呈丝状或念珠状，不同种类、虫龄的芫菁颜色不同。侵袭蜜蜂的芫菁种类很多，常见的有复色短翅芫菁（*M. variegates* D.）和曲角短翅芫菁（*M. proscarabaeus* L.）。

复色短翅芫菁，成虫呈铜绿色，间有紫红色，体长 19～33 mm。幼虫为黑色，头呈三角形，体长 3.0～3.8 mm（彩图 25）。

曲角短翅芫菁，成虫黑色，间有蓝色，体长 16～33 mm。幼虫为黄色，头呈圆形，体长 1.3～1.8 mm（彩图 26）。

二、生物学特性

芫菁是复变态种类昆虫，成虫咀嚼式口器，栖息在草地（图 18-1）、田间、小灌木林和果园（图 18-2），以杂草、苜蓿、豆科和灌木等植物的叶子为食（图 18-3），不危害蜜蜂。雌成虫在土中产卵，一生可产卵 1 000～4 000 粒。卵孵化后为第 1 龄幼虫，有 3 对发达的胸足，称之为三爪蚴，会很快离开土中，栖息在十字花科、菊科、豆科、蝶形花科和唇形花科等植物上。当蜜蜂来到这些蜜源植物花上采集时，三爪蚴非常活跃，主动搜索寄主，爬附在采集蜂的身体上，吸食血淋巴，并随采集蜂归巢时进入蜂巢。进入蜂巢的三爪蚴蜕皮为第 2 龄幼虫，在蜂巢内寻食蜜蜂的卵、幼虫，并取食花蜜和花粉，真正开始危害蜜蜂。2 日龄后离开蜂巢于土中化蛹，第 3～5 日龄的幼虫形如蛴螬状，体肥大，体型弯曲呈 C 形，足基本无多大用处。6 日龄幼虫足退化（彩图 27），体色变黑成为假蛹，处于休眠阶段。7 日龄幼虫无足、白色、体小，不食不动，很快转为真蛹，最后羽化成芫菁。

图 18-1　栖息于草地的芫菁成虫（李志勇 摄）

图 18-2　栖息于果园的芫菁成虫（李志勇 摄）

图 18-3　正在取食的芫菁成虫（李志勇 摄）

三、分布及危害

芫菁广泛分布在世界各地，共有 2 300 多种，其中我国有 130 多种。在安徽、黑龙江、吉林和新疆等地的蜂群，均有发生过芫菁危害的记载。

芫菁是以幼虫寄生于蜜蜂躯体上，并吸食蜜蜂血淋巴的一类体外寄生虫，是一种季节性、局部地区发生的敌害，每年 5—6 月大量发生，有时也发生在 7—8 月。被芫菁幼虫寄生的蜜蜂，会表现出极度的烦躁不安，常见在巢门口及蜂箱周边的地上有大量的蜜蜂打转、跳跃、翻滚、爬行，在箱内巢脾上不规则地摆动、抖动，前、中、后足不断地抓挠身体，如同要把自己身上的东西甩掉、清除一般，最后蜂体虚弱、痉挛死亡。寄生在蜂体上的芫菁幼虫肉眼可以看见（图 18-4、图 18-5），每只蜂体上寄生 1～10 只芫菁幼虫。在吉林省舒兰市一蜂场曾发现一只蜜蜂身上附着 17 只芫菁幼虫。危害发生严重时，每群蜂一天可寄生上百只甚至上千只芫菁幼虫，使采集蜂大量死亡。芫菁幼虫的工蜂寄生率为 30％～40％，越是外勤蜂多的强群，芫菁幼虫的寄生率越高。一般距离山林较近的地域芫菁幼虫危害较为严重，距离山林较远的地域危害较轻。蜂场卫生情况较差，芫菁幼虫危害更为严重（图 18-6）。被芫菁幼虫寄生期间，每群蜂群势下降 25％～30％，对蜜蜂繁殖影响较大。

图 18-4　检查芫菁幼虫
（陈东海 摄）

图 18-5　寄生于蜂体上的芫菁幼虫
（陈东海 摄）

图 18-6　芫菁幼虫危害的蜂场环境（陈东海 摄）

四、敌害诊断

被芫菁幼虫危害的蜂群，群势会有明显的下降。巢脾、巢门口、地上有跳跃、抖动、翻滚、打转的蜜蜂，使用镊子等工具夹起疑似病蜂，肉眼或使用放大镜仔细观察病蜂的腹节和绒毛间，如有芫菁幼虫附着，即可诊断为地胆病。

五、防控方法

1. 保持蜂场清洁 将蜂箱底、巢门前和场地上的死蜂烧毁，将蜂场周围和附近的杂草铲除，不给芫菁幼虫提供繁殖场所（图 18-7）。

2. 药物防控 寄生芫菁幼虫的蜂群，可以使用药物熏杀，一般采用螨扑等防控蜂螨类的熏蒸药物。也可以使用烟草、烟叶等薰杀。傍晚在蜂箱底铺一张纸，把烟叶等放在喷烟器内，点燃后从箱门喷烟 4～5 次，4～5 min 后取出纸张，将掉落的芫菁幼虫烧毁（图 18-8）。

图 18-7 芫菁交配（陈东海 摄）

图 18-8 蜂箱踏板上的芫菁幼虫（陈东海 摄）

第十九章 蜂虎

蜂虎，佛法僧目（Coraciiformes），蜂虎科（Meropidae）。

一、形态特征

蜂虎体长 15～35 cm，嘴尖且细长，从基部稍向下弯曲，嘴峰上有脊，全身被有艳丽的羽毛，翅形狭而尖。

二、生物学特性

蜂虎飞行能力强，速度快，善于在飞行中捕食蜜蜂和甲壳类动物，尤嗜蜂类，故有"蜂虎"之称。多栖息于乡村附近的丘陵或林地，喜好开阔原野，成群栖息，常数百对在同一巢区内。在离地面不高的陡坡上掘洞营巢，每窝产卵 2～6 粒，卵呈椭圆形、粉白色。

三、分布及危害

蜂虎广泛分布于东半球的热带和温带地区，尤其是非洲、欧洲南部、东南亚和大洋洲。蜂虎在我国主要分布于云南、新疆、四川和广东沿海等地区。常见种类有栗头蜂虎（也称黑胸蜂虎，*M. leschenaulti* V.）、绿喉蜂虎（*M. orientalis* L.）、栗喉蜂虎（*M. philippinus* L.）、黄喉蜂虎（*M. apiaster* L.）及蓝喉蜂虎（*M. viridis* L.），其中栗头蜂虎和绿喉蜂虎是国家二级保护动物。

大多种类的蜂虎是蜜蜂的捕食性敌害。蜂虎在飞行中捕捉蜜蜂，然后返回栖息地食用。蜂虎食量较大，1 只蜂虎每天可以吃 60 多只外勤蜂，甚至包括婚飞的处女王，对育王造成一定的影响。蜂虎有时成群结队地捕食蜜蜂，对蜂群危害较大。

四、敌害诊断

蜂虎一般结群捕食，受蜂虎危害的蜂场上空，可发现大量鸟群盘旋捕食。

五、防控方法

蜂虎是一种益鸟，部分种类是国家二级保护动物，禁止捕杀。

1. 蜂场搬离 在转地蜂场选址时，应提前观察，避免将蜂场坐落在蜂虎鸟群的栖息地。遇到蜂虎危害时，应立即搬离蜂场，躲避危害。

2. 惊吓驱赶 蜜蜂受蜂虎危害严重时，也可用放鞭炮等方式惊吓驱赶。

第二十章 三斑赛蜂麻蝇

三斑赛蜂麻蝇，双翅目（Diptera），麻蝇科（Sarcophagidae），又称蜂麻蝇、肉蝇。

一、形态特征

三斑赛蜂麻蝇成虫呈银灰色，体长 6～9 mm，头部和复眼之间夹有白色宽带，上覆黄色长毛，腹部第 2 节背片边缘有 2 根长刚毛，翅下有白色烧瓶状平衡棒。幼虫体长 0.7～0.8 mm，在蜜蜂体内发育成熟后，体长为 11～15 mm。

二、生物学特性

三斑赛蜂麻蝇（*Senotainia tricuspis* M.）雌蝇可危害出巢的蜜蜂，有阳光时，危害更为严重。雌蝇繁殖能力极强，每只雌蝇腹内可有 700～800 只幼虫，将数只幼虫产在飞行的蜜蜂头胸节间膜上，每 6～10 s 就会重复在其他蜂上再次产下幼虫。幼虫以锐利的上颚刺穿蜜蜂腹部节间膜，钻入蜂体内，逐步取食蜜蜂的血淋巴、肌肉和腹部组织，使蜜蜂死亡，最后幼虫离开寄主蜜蜂，在土壤中化蛹，7～16 d 羽化。

三、分布及危害

三斑赛蜂麻蝇在全世界分布较为广泛，主要分布在欧洲和亚洲。在我国主要分布于内蒙古、新疆、湖北和东北局部地区。

三斑赛蜂麻蝇是一种蜜蜂的寄生性天敌昆虫，在 6—9 月危害蜜蜂，8 月最为严重，主要危害青、壮年蜂和采集蜂。受三斑赛蜂麻蝇危害的蜜蜂，初期表现为活动减少，疲乏无力，飞行能力下降，速度缓慢，最后完全失去飞翔能力，无力地在蜂箱前地面上爬行，身体出现痉挛、颤抖，仰卧而死。危害严重的地区，蜂群损失可达 70%～80%，每群蜂每天常有数百只蜜蜂死亡，严重影响蜜蜂的繁殖和采蜜。

四、敌害诊断

三斑赛蜂麻蝇一般危害外勤采集蜂，难以发现。

五、防控方法

1. 加强检疫 三斑赛蜂麻蝇是一种蜜蜂的寄生性敌害，较难发现和根除，可加强蜂群检疫，禁止进口有三斑赛蜂麻蝇感染的蜂群来避免感染传播。

2. 溺水消灭 一旦发现三斑赛蜂麻蝇危害的蜂群，可利用三斑赛蜂麻蝇喜欢栖息于蜂箱盖但又不能辨别水面或其他物面的特点，在蜂箱盖上放置盛水的白瓷盘，使成虫溺水死亡。

3. 成蜂防控 将蜜蜂抖落于蜂箱外，健康蜂迅速回巢，而被三斑赛蜂麻蝇寄生的病蜂因行动缓慢而留在蜂箱外，然后将病蜂和死蜂集中销毁，消灭三斑赛蜂麻蝇幼虫，控制敌害在蜂场内的传播蔓延。

第二十一章 刺猬

刺猬，食虫目（Insectivora），猬科（Erinaceidae），刺猬亚科（Erinaceina），猬属（*Erinaceus*）。

一、形态特征

刺猬的体形矮小，爪锐利，眼较小，体背和体侧长满棘刺，头、尾和腹面被毛短，尾短，前后足多为 5 趾，少数种类前足 4 趾，受惊时浑身团缩，卷成刺球状。

二、生物学特性

刺猬栖息在山地森林、草原、农田和灌丛等地，昼伏夜出，杂食性，喜食昆虫、老鼠、青蛙、鸟蛋或植物组织等，有冬眠的习性。刺猬的繁殖速度较快，繁殖期为每年 6—8 月，每年产 1～2 胎，妊娠期 35～37 d，每胎产 3～7 只幼仔。

三、分布及危害

刺猬主要分布于亚洲、欧洲和非洲等地的森林、草原和荒漠地带。刺猬在我国主要分布于东北、华北及浙江、福建等地区。危害蜂群常见的为普通刺猬（*Erinaceus europaeus*）。

食物缺乏时，刺猬常捕食蜜蜂，属蜜蜂的捕食性敌害。刺猬通常在夜间行动，嗅觉较为灵敏，闻到蜂蜜香味后，潜入蜂场，至蜂箱前危害蜜蜂。在巢门前悬挂或在底板活动的蜜蜂对刺猬比较有吸引力，刺猬特别喜欢吃携带花蜜的采集蜂。危害蜂群时，刺猬会将鼻子从巢门口插入，喷出一种特殊的气体，刺激蜜蜂，引起蜜蜂骚乱。刺猬的食量较大，1 只刺猬每次可以吃 0.25 kg 的蜜蜂。受害蜂群群势迅速下降，严重时整群弃巢而逃。刺猬偶尔也会取食养蜂者检查蜂群时剔出的雄蜂幼虫等。

四、敌害诊断

如发现刺猬，并且蜂场巢门前有蜜蜂残骸或粪便，健康无病群蜂数有减无增，巢门档条被撕开，可初步断定蜂群受到刺猬危害。

五、防控方法

刺猬是国家保护动物，预防刺猬，可采用将蜂箱垫高的方式，也可将蜂场用网围住，以阻碍刺猬接近蜂箱，从而避免刺猬危害蜂群。

在蜂场受到刺猬危害时，可加强蜂场巡视，发现刺猬，可用强光手电筒照射，此时刺猬会蜷缩成团，人为将其带离蜂场，减少危害。

第二十二章 蜂鸟

蜂鸟，蜂鸟目（Coraciiformes），蜂鸟科（Trochilidae），是世界上体型最小的鸟类。

一、形态特征

蜂鸟体型小，体被鳞状羽，色彩鲜艳，具有金属光泽，嘴细长而直，有的向下弯曲，个别种类向上弯曲，舌伸缩自如，翅形狭长，尾羽尖，呈叉形或球拍形，脚短，趾细小。

二、生物学特性

蜂鸟是一种独栖性的鸟类，仅在繁殖季结对。蜂鸟将捕捉的蜜蜂带回鸟巢，先将蜜蜂全身进行摔打，接着将蜜蜂腹部反复摩擦，从而将工蜂的毒液排出，老蜂鸟更加注意这种操作，甚至将雄蜂也当成有毒的工蜂摔打，这是蜂鸟进化出的一种避免被蜇和减少吞食毒液的本能行为。

三、分布及危害

蜂鸟分布于整个东半球的温带和热带地区，多数蜂鸟种类具迁徙性。

多数蜂鸟是蜜蜂的重要捕食者，同时捕食蜘蛛、甲虫和蚂蚁等动物，在蜂鸟取食的昆虫中，有30%为蜜蜂。作为迁徙性鸟类，蜂鸟的危害可在蜂场间移动。蜂鸟在飞行中捕捉蜜蜂，然后返回栖息地取食。蜂鸟栖息地在蜂场附近的树干、土坡，也有的栖息在蜂箱上。蜂鸟有时可成群约 250 只进攻蜜蜂，对蜂群造成严重威胁。

四、敌害诊断

蜂鸟捕食蜜蜂时，一般会长时间在蜂场附近的树干、土坡栖息，也有的栖息在蜂箱上，较易辨认。

五、防控方法

蜂鸟与植物协同进化，是重要的传粉鸟类，加上可取食害虫，因而被认为是益鸟。当蜂鸟危害蜜蜂严重时，可用放鞭炮等方式惊吓驱赶或将蜂场搬离。

第二十三章 大山雀

大山雀，雀形目（Passeriformes），山雀科（Paridae），山雀属（*Parus spilonotus*）。

一、形态特征

大山雀体长约 14 cm，头部为黑色，两颊各有一个椭圆形白斑，颈背有白色块斑。喙黑色，尖而细长，翅有一个白色条纹，足黑色。头部的黑色在颌下汇聚成一条黑线，这条黑线沿着胸腹的中线一直延伸到下腹部的尾下覆羽。卵呈椭圆形，白色具红斑。

二、生物学特性

大山雀繁殖季节较长，为每年的 3—8 月，每巢可产卵 6～9 粒，孵化期约为 15 d。大山雀多数种类具有迁徙性，夏季喜欢栖息在海拔 3 000 m 的山区，冬季则喜欢栖息在低海拔平原地区，并结成小群活动，筑巢于树洞或房洞中。

三、分布及危害

大山雀在全世界分布较为广泛，主要分布在欧洲大陆、亚洲大陆和非洲西北部等地区。在我国各省及各地区均有分布。

大山雀的主要食物来源是昆虫，是典型的食虫鸟，是蜜蜂的捕食性敌害。大山雀在冬季对蜂群的危害较大，它们可以将蜂箱中的蜜蜂引诱出巢，并将其捕食。在夏季，大山雀也会捕食大量蜜蜂（但多数是地面的死蜂），并将它们带回鸟巢饲喂后代。

四、敌害诊断

大山雀特征明显，较易辨认。

五、防控方法

大山雀主要在冬季危害室外越冬的蜂群，为防止大山雀对蜜蜂的危害，可用惊吓法使其离开，或利用铁丝网将越冬蜂箱围住，防止大山雀接近蜂箱。

第二十四章

蜜　獾

蜜獾，食肉目（Carnivora），鼬科（Mustelidae），蜜獾属（*Mellivora capensis*）。

一、形态特征

蜜獾体长 60～77 cm，体型健壮，头大，眼小，耳朵藏于毛下，背部为灰色，皮毛厚密且粗糙，雄雌个体间的体型差异较大。

二、生物学特性

蜜獾是杂食性动物，极喜好取食蜂蜜、蜜蜂幼虫和蛹，属于蜜蜂的掠食性敌害。蜜獾多数生活在树林、草原以及水边，喜欢栖息在有洞穴、岩石裂缝或其他可以躲避的地方。蜜獾喜欢在夜间活动，一般单独或成对出现。蜜獾的爪特别强壮，可以用于捣毁蜂巢，厚实的皮肤和粗糙的皮毛可以抵御蜂群的攻击。

三、分布及危害

蜜獾主要分布在非洲、西亚和南亚地区，我国没有分布。

蜜獾常在夜间潜入蜂场，用利爪破坏蜂箱，捣毁蜂巢，取食巢内的蜂蜜、蜜蜂幼虫和蛹，对蜂场的危害较大。

四、敌害诊断

蜂场夜晚被袭，场地有动物足迹，蜂箱被捣毁，有利爪痕迹，可初步判断为蜜獾。

五、防控方法

蜜獾危害严重的蜂场，可以用 1 m 高的铁丝网将蜂场围住，同时缩小巢门，防止蜜獾接近蜂箱，也可以在蜂场内养犬驱赶蜜獾。

第二十五章 灰喜鹊

灰喜鹊，雀形目（Passeriformes），鸦科（Corvidae），灰喜鹊属（*Cyanopica*）。

一、形态特征

灰喜鹊嘴、脚呈黑色，背呈灰色，翅和尾呈灰蓝色，第1、第2枚飞羽黑褐色，第3枚以内的初级飞羽外侧呈白色，基部呈灰蓝色，额、头顶、头侧、后颈呈黑色，带有蓝色的金属光泽，幼鸟呈黑褐色。下体呈灰白色，体长约38 cm，体重约100 g。

二、生物学特性

灰喜鹊（*Cyanopica cyanus* P.）属杂食性动物，以动物性食物为主，主要取食膜翅目的蜜蜂、蚂蚁，半翅目的蝽象，鞘翅目的步行甲、金针虫，鳞翅目的螟蛾、枯叶蛾、夜蛾，双翅目的家蝇、花蝇等昆虫及幼虫，兼食一些乔灌木的果实及种子。灰喜鹊主要栖息在低山丘陵和山脚平原地区的次生林和人工林内，也常见于城市边缘。常成小群活动，繁殖期成对活动，受到惊吓后会迅速逃散开，而后又重新聚集在一起。每年5—7月是灰喜鹊的繁殖期，通常在杨树、山丁子、榆树等中等高度乔木枝杈间营巢或利用旧巢。

三、分布及危害

灰喜鹊在世界的分布比较广泛，主要分布于中国、西班牙、葡萄牙、俄罗斯、朝鲜和日本。在我国境内主要分布在黑龙江、吉林、内蒙古的呼伦贝尔市与大兴安岭、河北、河南、山东、长江中下游等地。

灰喜鹊与蜜蜂是捕食关系，常捕食外出采集花蜜的外勤蜂，有时在山丁子等植物开花时，聚集在树上捕食采集蜂（图 25-1）。

图 25-1　花期捕食蜜蜂的灰喜鹊（王志 摄）

四、敌害诊断

灰喜鹊体型较大，特征极其明显，较易辨认。

五、防控方法

灰喜鹊属于保护动物，不得捕杀。发生该类敌害时，可以用放置稻草人、放鞭炮等方式进行驱赶，严重时考虑将蜂场搬离。

第二十六章 螳螂

螳螂，昆虫纲（Insecta），螳螂目（Mantodea）。

一、形态特征

螳螂体长 1～11 cm，体型多呈扁平，少数呈棒状。咀嚼式口器，丝状触角，有单眼 3 个，前翅为覆翅，雄性后翅膜质，雌性后翅退化，飞行力不强，具有捕捉足。

二、生物学特性

螳螂发育过程经过卵、若虫、成虫 3 个阶段，生活周期在一年内完成。8 月下旬开始交配，随后雌性成虫开始产卵，一般可产下 1～4 个卵鞘（可保护卵越冬），内含 40～300 粒卵。翌年 6 月越冬卵孵化，发育进入若虫期，7—10 月为成虫发生期。螳螂具有拟态行为。当食物短缺时，雌性有取食雄性的行为，人们称为“妻食夫”现象。

三、分布及危害

螳螂广泛分布于热带、亚热带和温带的大部分地区，尤其在热带地区种类最为丰富。我国分布的螳螂有 100 余种，如中华大刀螂（*Paratenodera sinensis* S.）、薄翅螳螂（*Mantis religiosa* L.）等。

螳螂是一种重要的捕食性天敌昆虫，以昆虫作为主要的食物来源（彩

图 28)，常可捕食蜜蜂。螳螂通常在低矮灌木或草本植物的花朵上潜伏，利用捕捉足捕捉前来采集蜜粉的蜜蜂，并直接取食，有时也可见螳螂在蜂箱巢门处危害蜜蜂。

四、敌害诊断

螳螂危害严重的蜂箱周围和蜂箱盖上，可发现螳螂和螳螂的卵囊。

五、防控方法

加强蜂场巡视，注意检查并清除蜂箱上的螳螂卵囊。

第二十七章 蜻蜓

蜻蜓，昆虫纲（Insecta），蜻蜓目（Odonata）。

一、形态特征

不同种类的蜻蜓体型存在一定差异，颜色、花纹也不同（图 27-1）。蜓科的种类体型较大，蜻科则稍小。蜻蜓复眼发达，多接触或以细缝分离，前后翅形状不同，腹部狭长共 10 个腹节。

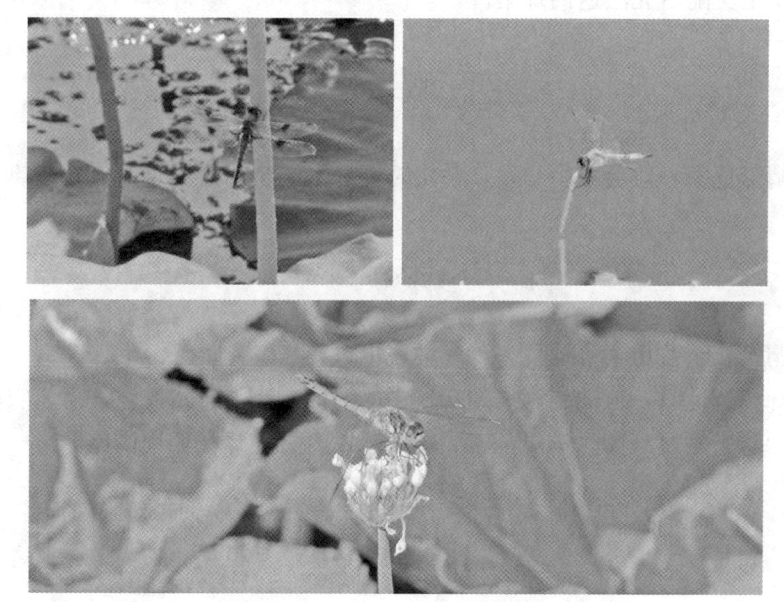

图 27-1　不同种类的蜻蜓（王志 摄）

二、生物学特性

蜻蜓目昆虫属半变态发育，一生有卵、幼虫和成虫3个阶段。蜻蜓喜欢潮湿的环境，所以一般在池塘或河边飞行，其幼虫也需要在水中发育。成虫常通过蜻蜓点水的方式将卵产入水中，幼虫在水中捕食水生生物，待羽化前爬出水面，交配产卵。

三、分布及危害

蜻蜓主要分布在热带和亚热带地区，全球有5 600多种，我国有200多种。

蜻蜓属于肉食性昆虫，以捕食苍蝇、蚊子、蜜蜂等昆虫为生，在一定程度上危害养蜂业，具有季节性和地域性的特点。河流、小溪、湿地附近的蜂场，蜻蜓危害相对严重，每年7—8月为蜻蜓危害的集中暴发期，外勤蜂会大量损失。蜻蜓在空中飞行，用6个足并成筐状捕捉飞翔的蜜蜂。发生危害严重时，蜂群不发生分蜂，蜜蜂不从事采集活动。有些蜻蜓还可捕食蜂王，使处女王交配后无法返回蜂巢。

四、敌害诊断

蜻蜓危害一般会集中暴发，暴发时蜂场上空会出现大量盘旋的蜻蜓。

五、防控方法

蜻蜓属于益虫，可捕食多种农林害虫。

蜂场选址时，应适当远离蜻蜓较多的河流、小溪等水源，注意排空附近死水，防止蜻蜓产卵。蜻蜓危害大规模暴发时可在蜂场四周围网。

第二十八章 皮蠹

皮蠹，昆虫纲（Insecta），鞘翅目（Coleoptera），皮蠹科（Dermestidae）。

一、形态特征

皮蠹体型较小，颜色较暗，棒状触角常藏于体下，单眼着生于头两侧，每侧 6 个，鞘翅上具有点刻，但不清楚。幼虫大多为黑、褐、红等颜色（图 28-1、图 28-2），密生刚毛，触角短，一些种类腹部末端具长尾毛。

图 28-1　皮蠹幼虫背面（陈东海 摄）

图 28-2　皮蠹幼虫腹面（陈东海 摄）

二、生物学特性

皮蠹老熟幼虫的生命力较顽强，具有极强的耐干、耐寒、耐热、耐饥能力，最长可存活 6 年以上，当外界条件不适宜的时候，可以发生滞育；当外界温度和食物条件适宜时，会重新开始生长发育并大量繁殖。

三、分布及危害

皮蠹广布于世界各地，被认为是全球危害最为严重的仓储害虫之一，被列入我国进境植物检疫性有害生物。

皮蠹可危害多种储藏的农副产品、加工品，其中也包括蜂产品，属于蜜蜂的侵扰性敌害。皮蠹会危害蜂箱的木质部和巢脾，巢脾上钻出的隧道可作为其他蜂箱内害虫的栖息地。皮蠹的成虫和幼虫还取食花粉、蜜蜂及幼虫的残体，危害巢蜜，留下粪便和幼虫蜕皮壳，使巢蜜变质无法出售。吉林省蛟河市曾发现皮蠹幼虫危害越冬蜂群（图 28-3），取食成年工蜂胸部的肌肉（图 28-4、图 28-5）。

图 28-3　皮蠹危害的蜂群（陈东海 摄）

图 28-4　取食蜜蜂肌肉组织的皮蠹幼虫（陈东海 摄）

图 28-5　皮蠹危害的死蜂（陈东海 摄）

四、敌害诊断

皮蠹危害蜂群时不易被发现。越冬蜂箱底部有被取食肌肉的死蜂个体，并发现有皮蠹幼虫，可诊断为皮蠹危害。

五、防控方法

皮蠹的生命力极其顽强，对多种化学药剂具有很强的抗性，因此在发现皮蠹危害蜂群时，应尽快将病群销毁，防止皮蠹在蜂场内的传播。

第二十九章 天蛾

天蛾，鳞翅目（Lepidoptera），天蛾科（Sphingidae）。

一、形态特征

天蛾虫体肥大，腹部呈纺锤形，末端尖，头部大。复眼明显，无单眼。喙发达。前翅大而狭长，颜色鲜艳；后翅短小，颜色较暗，被有厚鳞。幼虫呈圆柱形，体态肥大，表面多颗粒。

二、生物学特性

天蛾幼虫一般以取食植物叶片为生，老熟幼虫从树上爬入地下化蛹，在土壤中越冬。每年4—10月羽化为成虫，成虫吸食花蜜（彩图29），飞翔能力强，大多数种类夜间行动。成虫能发微声，幼虫能以上颚摩擦作声，一年可发生一代或几代。

三、分布及危害

天蛾在世界各地均有分布，其中以热带地区为主，有1 000余种。我国约有天蛾150种，分布广泛。危害蜜蜂严重的有鬼脸天蛾（*A. atropos* L.）和芝麻天蛾（*A. styx*），鬼脸天蛾分布于欧洲、非洲和亚洲，芝麻天蛾分布在我国的广东、广西、福建和台湾等地区。

天蛾虽然掠食蜂蜜，但对蜂群侵扰性更为严重，属于蜜蜂的侵扰性敌害。天蛾一般夜间外出觅食，在天气闷热的夜晚出现更加频繁。天蛾通过巢门或蜂箱的裂缝进入蜂箱，用翅膀拍打蜜蜂。因鬼脸天蛾躯体坚硬，蜜蜂难以抵抗，造成伤亡而离脾，鬼脸天蛾强行占据蜜蜂巢脾掠夺蜂蜜。天蛾食量较大，一次可吸食 3～4 mL 的蜂蜜。天蛾体型较大，若进入蜂箱后被蜜蜂蜇死，蜜蜂清理困难，容易堵塞巢门，严重时可造成蜂群弃巢飞逃。当巢门小天蛾不能窜入时也会影响蜂群，天蛾会在蜂箱周围扑打发声，骚扰蜂群，夜间袭击蜂群可导致蜜蜂骚动直至白天，严重影响蜜蜂在巢内的正常活动，使蜂王产卵量降低或停产，工蜂采集力降低。芝麻天蛾幼虫主要危害芝麻，成虫期每年初夏的 5—6 月和初秋的 8 月侵害蜜蜂，夜间活动，觅食蜂蜜。

四、敌害诊断

天蛾体型大，翅膀拍打声音大，在危害蜂群时，可在蜂箱内和蜂箱周围听到天蛾振翅的声音和蜂群骚乱的声音。

五、防控方法

1. 选择场址　场址尽可能避免在芝麻地附近，以预防芝麻天蛾。

2. 定期检查　每半个月开箱检查一次蜂箱，若有活天蛾要立即消灭。及时清除死在巢箱内的天蛾尸体，避免堵塞巢门，使巢门畅通，以免蜂群飞逃。

3. 缩小巢门　及时更换或修补破损的巢箱，修复蜂箱缝隙，弱群和繁殖群遮护巢门或缩小巢门，夜间注意缩小巢门和降低巢门高度（不超过 8 mm），不让天蛾进入巢箱。傍晚也可以在巢门安放雄蜂驱杀器驱杀天蛾。

4. 及时扑打　夜间听到摩擦蜂箱的响声，要立即用苍蝇拍等工具进行扑打。天蛾危害严重的季节，夜间可用捕虫网捕杀。

第三十章 蟑 螂

蟑螂，昆虫纲（Insecta），蜚蠊目（Blattaria）。

一、形态特征

蟑螂成虫体扁平，呈黑褐色，少数具金属光泽。头小，复眼大，单眼明显，丝状触角。蟑螂的中足和后足股节腹缘具刺，跗节各节具有跗垫，爪对称，爪间具中垫。前胸背板拱起，呈梯形或圆盘形。翅充分发育，少数种类翅略有退化。

二、生物学特性

蟑螂是渐变态昆虫，整个生活史包括卵、幼虫和成虫 3 个时期。蟑螂的繁殖速度特别快，蟑螂雌虫 1 次交配就可使它终生产出受精卵，1 只雌蟑螂 1 年可繁殖近万只后代，最多可达十万只。卵经 1 个月左右孵化，经半年左右发育为成虫。

三、分布及危害

蟑螂广布于全世界，危害蜜蜂的主要为东方蜚蠊（*Blatta orientalis* L.）。

蟑螂喜欢选择温暖、潮湿、食物丰富和多缝隙的场所栖居，是杂食性昆虫，食物种类非常广泛，尤其喜欢取食香、甜的食品，糖类对它们的引诱力较强，属于蜜蜂的侵扰性敌害。蟑螂不仅经常进入蜂箱，甚至栖息在弱群内，生活于蜂箱内盖和外盖之间，将卵产于巢脾上，小蟑螂可躲于巢房内，啃食巢脾、巢础，偷食蜂蜜和花粉，惊扰蜂群。蟑螂在蜂群内大量繁殖，会释放难闻的气味和分泌物，传播细菌，导致蜂群发病及群势下降，同时也会危害蜂农储存的蜂产品，粪便会导致蜂产品的污染。

四、敌害诊断

开箱检查蜂群时，可在蜂箱内壁看到蟑螂快速爬行躲避。

五、防控方法

蟑螂不仅危害蜂群，同时也会危害蜂产品，因此防控较为困难。

1. 加强管理 在放置蜂箱时，应选择背风、向阳的地方。蜂场和仓库应加强卫生管理，减少蟑螂滋生。

2. 饲养强群 保持强群，蜂多于脾或蜂脾相称，保证蜜蜂能够自由到达蜂箱内所有的地方，可使蟑螂无法建立种群，难以繁殖，能较为有效地抵御蟑螂危害。

3. 化学防控 蟑螂寄生严重的蜂场，可采用诱捕法杀灭蟑螂，或使用灭蟑螂药，但是应严格规范药剂的使用，避免污染蜂产品。

31

第三十一章 熊蜂

熊蜂，膜翅目（Hymenoptera），蜜蜂总科（Apoidea），熊蜂属（*Bombus*）。

一、形态特征

熊蜂体型较大，粗壮，全身被满长而整齐的毛，嚼吸式口器，中唇舌较长，单眼大多呈直线排列。雌性后足胫节宽，表面光滑，端部周围被长毛，形成花粉筐，后足基跗节宽扁，内表面具整齐排列的毛刷，腹部宽圆。雌性熊蜂腹部第 4 与第 5 腹板之间具有蜡腺。

二、生物学特性

熊蜂与蜜蜂相似，具有 3 个型：蜂王、工蜂、雄蜂。早春的蜂王在花上取食花蜜和花粉，当卵巢发育完全、包含卵粒时，蜂王寻找适宜的地方筑巢。在第一批工蜂出房以前，蜂王既要产卵育虫，又要采集花蜜和花粉。第一批工蜂出房以后，很快就会参与巢内的各项工作，帮助蜂王泌蜡、筑巢、采集和哺育幼虫。一般在第二批工蜂出房以后，蜂王不再出巢采集，专职产卵。熊蜂具有营巢的习性，喜欢寒冷、视野开阔、花朵丰富的栖息生境，通常会将巢穴选择在地洞、草丛，个别会将巢建在废弃的鸟窝里。

三、分布及危害

熊蜂的分布较为广泛，几乎遍布全世界，主要集中分布于北半球的温带和亚寒带的国家。

熊蜂是一类多食性的社会性昆虫，主要食物是蜜和花粉，属于蜜蜂的侵扰性敌害，在早春或晚秋，外界蜜源匮乏的时期，有些熊蜂会进入蜂箱内部（图 31-1）或在暴露的巢脾上盗食蜂蜜和花粉（图 31-2），熊蜂的翅大而有力，进入蜂箱后会干扰蜂群的正常活动，引起蜂群骚乱。

图 31-1 熊蜂寻找时机进入蜂巢
（王志 摄）

图 31-2 熊蜂进入蜂巢盗蜜
（王志 摄）

四、敌害诊断

发现熊蜂在蜂箱前飞行，或进出巢门（彩图 30），可诊断为熊蜂干扰蜂群。

五、防控方法

熊蜂是一种重要的传粉昆虫，对蜜蜂的危害有限。在日常的饲养管理过程中，可以通过饲养强群，缩小巢门，以防止熊蜂进入蜂箱扰乱蜂群。

第三十二章 其他蜜蜂敌害

除以上危害较大、具有代表性的蜜蜂敌害外，还有一些蜜蜂敌害，对蜜蜂生存、繁衍也产生了一定的影响，在蜜蜂养殖中，造成了一定的危害，简要介绍如下。

一、昆虫类

（一）膜翅目

1. 黄蜂 黄蜂（*Vespula*）一般只捕食死亡或将死的蜜蜂，不是蜜蜂的重要捕杀者。危害蜜蜂的有 *Vespula gernanica* L. 等种类，在秋季和冬初蜂群结团时盗蜜比较严重。新西兰多数地区的冬季，黄蜂连续不断地盗蜜，摧毁整个蜂群。可用“毁巢灵”清除黄蜂巢，方法同防控胡蜂。

2. 蚁蜂 蚁蜂（Mufilla）是一类独居的寄生蜂，主要分布于澳大利亚、德国和美国。蚁蜂可从蜂箱获取蜂蜜，杀死成蜂和幼虫，严重时，一只蚁蜂一天可杀死几百只蜜蜂。被杀死的蜜蜂，腹部收缩，喙、足和翅前伸。蜜蜂不能有效驱逐高度骨化的蚁蜂。

3. 无刺蜂和麦蜂 无刺蜂分布于热带地区，可掠夺西方蜜蜂的蜂蜜，用巨大的上颚腺分泌稍有腐蚀性的液体，将蜜蜂浸透，导致蜜蜂迷失方向，互相残杀。麦蜂（*Melipona flavipennis* F.）体型较大且凶猛，危害严重时，可将整个蜂场摧毁。

（二）鳞翅目

1. 干果蛾 干果蛾（*Vitula edmandsae* Packard）分布于美国落基山脉

附近各州、加拿大西部以及欧洲大陆。常取食贮存在巢脾上的花粉和蜂蜜，取食时延着巢房壁钻洞，偶尔会在有蜂的巢脾上取食，遭其危害后，巢脾上形成一团密密的丝网。干果蛾还危害熊蜂、木蜂和苜蓿切叶蜂的蜂巢。

2. 熊蜂蜡螟　熊蜂蜡螟（*Aphomia sociella* L.）是发生在亚洲和欧洲地区的蜜蜂敌害，较少见。幼虫的危害同大蜡螟和小蜡螟幼虫一样，在取食中会造成许多丝状隧道。这种幼虫对熊蜂危害更为严重，致使熊蜂弃巢。

3. 印度谷蛾　印度谷蛾（*Plodia interpunctella* Hubber）分布于欧洲和世界各地，取食未受保护的花粉，在温暖地区会在巢脾的花粉、虫苞或死虫上发育，也可在成堆死蜂的巢脾上发育，或在死尸的残屑上生长，更常见于切叶蜂和熊蜂的蜂巢内。

4. 地中海粉蛾　地中海粉蛾（*Anagasta ruchniella* Zeller）分布于世界各地。可危害含有花粉的贮存蜜脾，但无法在空脾或昆虫死尸上生长，偶尔出现在熊蜂的蜂巢里。

（三）双翅目

1. 蜂虱蝇科　蜂虱蝇科（Braulidae）中华蜜蜂蜂虱在我国尚未发现，为检疫性敌害。栖息于雌性蜜蜂头部、胸部和腹背的绒毛处。可导致群势削弱和采集力下降，蜂虱幼虫损坏巢脾，取食蜜蜂食物，蜂王身体上寄生过多的蜂虱会降低产卵力。危害严重时，可造成蜂群灭亡。可通过饲养强群，淘汰旧脾及蜜盖收集化蜡等方法进行有效防控。严重时可采用茶、茴香油、烟叶等熏杀防控。

2. 眼蝇科　眼蝇科（Conpidae）为内寄生虫，蜜蜂中较少见。危害我国蜂业的为圆头蝇（*Physocephalus vittata*）。蜜蜂飞行时，雌蝇将卵产于蜜蜂气门附近。卵孵化后，幼虫进入蜜蜂体内，以蜜蜂体液为食，取食所有内含物，只剩几丁质外壳。受感染的蜜蜂，在圆头蝇幼虫 2 日龄前死亡，圆头蝇幼虫在蜂尸体内化蛹，成虫从死蜂体内羽化。要保持蜂箱内清洁卫生，及时将死蜂尸体搜集烧毁可有效防止圆头蝇的繁衍。

3. 寄生蝇科　寄生蝇科（Tachinidae）幼虫是多种昆虫和其他节肢动物的内寄生虫。危害蜜蜂的寄生蝇有 *Rondanioestrus apivorus* 和 *Myapis angellozi*，前者较为常见，主要分布于南非、乌干达等地。雌蝇在箱前盘旋，乘蜜蜂回巢之机，将幼虫产在蜜蜂体上，幼虫通过节间膜进入蜜蜂腹腔，4 周内占据整个寄主腹部。蜜蜂死后，老熟幼虫离开寄主，在地上化蛹，10 d 后羽化成蝇。

4. 蚤蝇科 蚤蝇科（Phoridae）驼背蝇（*Phora incrassata* Meigen）主要危害蜜蜂幼虫，可造成蜜蜂幼虫成批死亡。常从巢门潜入箱内，在幼虫体上产卵，大约经过 3 h 后，孵化为幼虫，穿透蜜蜂幼虫体壁，吸食体液，经过 6～7 d，驼背蝇幼虫咬破房盖，落到箱底，潜入脏物或土中化蛹，12 d 羽化成虫。防控时要加强蜂群管理，保持清洁卫生，清除烧毁箱底脏物，保持蜂多于脾或蜂脾相称。

（四）鞘翅目

1. 步甲科 步甲科（Carabidae）步行虫（*Carabus auratus* L. 和 *Calosoma sycophanta* L.）为活泼的捕食性甲虫，偶然在蜂巢口捕食蜜蜂，一般不会造成较大危害。如果步甲较多，可通过加强蜂群群势保护蜂群。

2. 花金龟科 花金龟科（Cetonidae）金龟子（*Protaetia aurichalce* F.）可严重危害印度蜜蜂，取食贮存的花粉。*Cetonia cupria* 还可危害西方蜜蜂的交尾群。

3. 郭公虫科 郭公虫科（Cleridae）郭公虫（*Trichodes apiariu* L.）取食死亡或将死的蜜蜂，常出现在花上偶尔捕食花上的采集蜂，也危害蜜蜂幼虫，钻隧道破坏巢脾。可通过饲养健康强群，清扫蜂箱残屑来进行防控。

4. 蛛甲科 蛛甲科（Ptinidae）蛛甲（*Ptinus fur* L.）危害和毁坏弱群内或贮存的巢脾，取食蜂箱内贮存的花粉。在澳大利亚 *Ptinus* 属常栖息在蜂箱残屑中。在美国，蛛甲（*Ptinus californicus* Pic.）可危害野生蜂。对蛛甲的防控可结合其他巢脾害虫防控方法，熏治贮存在巢脾上的蛛甲。

5. 金龟科 金龟科（Scarabidae）中多数种危害蜜蜂。在美国、阿根廷和加勒比海地区，常出现在蜂箱内的巢脾上，大量取食花粉、蜂蜜和来自育虫的残余物。金龟甲具有坚硬的外壳，不受蜜蜂蜇叮，还可携带蜂虱。出现金龟危害时，应立即缩小巢门。

（五）缨尾目

衣鱼属（*Lepisma*）是小型细长的昆虫，有时在蜂箱大批出现，取食蜂蜜。衣鱼靠蜂蜡生存，危害巢脾不明显，大批的衣鱼排泄物可污染蜂蜜和巢脾。维持蜂群强壮即可有效防控，如果衣鱼数目巨大，可将巢脾移到新巢箱。

（六）革翅目

蠼螋（*Forficula auriculoria* L.）夜间进入蜂箱，躲在箱盖下和箱壁裂缝处，取食蜂蜜和伤亡蜜蜂的软组织，刺穿封盖子，其排泄物和食料残渣污染巢脾，携带欧洲幼虫腐臭病的病原菌。蠼螋是蜂箱内居住者，骨骼硬化，蜜蜂很难将其清除。防控方法：饲养强群，在副盖下留足空间让蜜蜂自由通行，合并小群；定期清除副盖的残屑物，清除蜂箱周围的杂草、垃圾、树林或石头，减少蠼螋的滋生地；用干草或稻草填塞花盆，倒扣在木桩上以吸引蠼螋，最后取走花盆，毁掉蠼螋；用含有氟化硅、麦皮和鱼油的混合毒剂撒于蜂箱周围地面上，消灭蠼螋。

（七）半翅目

半翅目的许多昆虫是蜜蜂的捕食者，如猎蝽科通常在花上和花附近取食采集蜂；兜蝽科的一种（*Aspongopus chinensis* Dallas）常见于蜂箱内，也常落在花上捕食访花的蜜蜂和野生蜂，严重时可杀死数百只蜜蜂。有一些蝽类，在花上取食蜜蜂血淋巴（图 32-1），但该类蝽主要为植食性，一般不对蜜蜂造成危害，无法判断其是否侵袭活的蜜蜂。

图 32-1　吸食蜜蜂血淋巴的蝽类
（陈东海 摄）

（八）脉翅目、等齿目和啮虫目

脉翅目的鱼蛉和蛇蛉具有捕食性，可捕食蜜蜂，巴西的蚁狮（*Myrmeleon uanuaris* Nanas）可取食蜜蜂。等齿目的白蚁可危害蜂箱，导致蜂箱腐烂，或在蜂箱内筑巢，影响蜂群繁殖。啮虫目的书虱，对蜜蜂的危害不严重，尚未被关注。

二、蛛形类

（一）螨类

1. 新曲厉螨　新曲厉螨（*Neocypholaelaps indica* Evans）寄生于意大

利蜜蜂、中华蜜蜂和印度蜜蜂，也寄生在鳞翅目、膜翅目、双翅目的昆虫体上，植物花上也可找到。在我国，1963 年在印度蜜蜂中首次发现，1964 年在广西的意大利蜜蜂上发现，后来在江西的中华蜜蜂体上发现此螨。斯里兰卡及我国的广东和四川也有报道。广西 3—4 月紫云英花期，蜂体附着大批此螨，不取食蜂体血淋巴，借助蜜蜂扩散，干扰蜜蜂采集，导致蜜蜂行为异常，一般结合大、小蜂螨防控。

2. 外蜂盾螨与背蜂盾螨 外蜂盾螨（*A. extervus* Morgenthaler）和背蜂盾螨（*A. dorsalis*）为外寄生螨，分布在欧洲、美洲、非洲、苏联、澳大利亚和新西兰等地，寄主为西方蜜蜂。形态上与壁虱接近，寄生部位不同。外蜂盾螨寄生于成蜂头壳后颈部的侧面或腹面，背蜂盾螨寄生于中胸盾片与中胸小盾片之间的 V 形背脊沟内。这两种螨对蜂群影响不大，成螨和幼螨通过刺吸式口器吮吸蜜蜂颈胸部的体液，造成蜂群间接感染麻痹病。冬季寄生率最高，日龄小的成蜂敏感。常侵染无王群，正常蜂群很少感染。越冬前留足饲料，及时换王，加强保温，早春提早出巢排泄，严重感染的蜂群，参照壁虱防控方法，抽出封盖子脾，用药熏杀。

3. 巢蜂伊螨 巢蜂伊螨（*Melittiphis alvearius* Berlese）1896 年首次在意大利蜂箱内发现，后在英国、新西兰的意蜂箱，以及在加拿大的来自新西兰的笼蜂上找到。巢蜂伊螨不是专属寄生螨类，通常生活在蜂箱里或携附蜂体上，危害性尚不明确。

4. 真瓦螨 真瓦螨（*Euvarroa sinhai* Delfinado et Baker）为小蜜蜂幼虫的外寄生螨。1974 年首次在小蜜蜂巢内发现，仅寄生于雄蜂幼虫。1987 年在印度的意大利蜜蜂上发现，但未构成威胁。雌螨寄生于雄蜂胸部、胸侧片和胸腹节之间。

（二）伪蝎

伪蝎（*Chelifer* spp.）也称书蝎，常出现于巢框或箱壁，很少出现在巢脾上，畏光，蜂箱打开时躲进缝隙里。伪蝎为蜂箱栖息者，主要出现在野外蜂巢、旧式蜂箱以及树干或地面的巢穴，很少出现在管理好的蜂群中。伪蝎取食蜂体上的螨类、蜂虱、巢虫幼虫，也取食蜜蜂幼虫的汁液，在没有猎物存在的情况下，取食蜜蜂幼虫或攻击蜜蜂。

三、鸟　类

有数十种鸟类属于杂食性捕食者，如乌鸦。多数鸟类偶然捕食蜜蜂，会对育王工作带来困难，但不是蜜蜂的主要敌害，且数量分散或个体较少，危害较轻。一种食虫鸟（*Pernis apivorus*）对蜂业造成一定危害，但属于保护类的动物，不应捕杀。鸟类的其他敌害主要还包括以下几种。

（一）蜂蜜指示鸟

蜂蜜指示鸟（*Indicatoridae*）以蜂蜡为食料，在与其他动物共生关系的基础上，通过引导哺乳动物的共生者前往蜂巢，隐秘停在树上或灌木上，等待哺乳动物掠取蜂巢，取食被掠取后遗留的小部分巢脾。若不能借助共生者的作用，蜂蜜指示鸟在野生蜂群巢脾上的活动受到限制。

（二）伯劳

伯劳（*Laniidae*）栖息于平原或山地的树木或灌木顶部，分布于整个非洲、欧洲、亚洲和北美洲，苏联阿塞拜疆等地报道伯劳危害蜜蜂。伯劳在每年5—7月的繁殖期捕食蜜蜂，主要取食鞘翅目和鳞翅目的害虫。伯劳属于益鸟，禁止射杀。

（三）燕子

燕子（*Apodidae*）分布于除北美洲、亚洲北部、南美洲和一些岛屿外的世界各地。菲律宾刺尾燕子（*Chaetura dubia*）是一种最主要的蜜蜂捕食者，给养蜂业带来危害。刺尾燕子主要取食西方蜜蜂、东方蜜蜂以及大蜜蜂，全年可在蜂场上出现，但多数出现在8时至15时凉爽、多云和多风的天气，可聚集300余只成群攻击蜂群。在刺尾燕子危害严重的地方，可采用一小片渔网绑在竹竿上捕捉，短期内可控制其攻击蜂群。

（四）王鸟

王鸟（*Tyrannidae*）广泛分布于除南美洲外的世界各地。东方王鸟（*Tyrannus Tyrannus*）为蜜蜂最主要捕食者，栖息于物体上，俯冲捕猎蜜蜂，吞下或吸食蜜蜂的体液。东方王鸟主要捕食害虫，也常在蜂王交尾场捕食处女王。在美国，东方王鸟是育王场的严重敌害，在王鸟靠近育王场捕食时，将选择捕食较大的雄蜂和蜂王，从而造成蜂场育王困难。

四、哺乳类

（一）有袋类动物

负鼠（*Didelphis marsupiallis*）是有袋类哺乳动物，生长在美洲，食性复杂，取食蜜蜂和其他昆虫，常夜间在箱门口活动。多数情况下危害群势较弱的越冬蜂群，从而造成蜜蜂越冬失败。负鼠发生危害的地区，可用诱捕或垫高蜂箱的方法来有效防控。

（二）食虫类动物

鼩鼱是一种小型食虫性哺乳动物，主要在夜间活动，捕食昆虫、蜗牛和蚯蚓。危害蜂群的有家鼩鼱（*Crocidura aranea*）、小鼩鼱（*Sorex pygmaeus*）、普通鼩鼱（*S. vulgaris*）、林木鼩鼱（*S. aranus*）和最小鼩鼱（*Cryptotis parva*）。鼩鼱冬季在蜂箱上钻洞，在箱内筑巢，骚扰越冬团。小型鼩鼱可取食大量越冬蜜蜂，造成蜂群下痢和微孢子虫病增加，箱底出现没有翅膀、胸部掏空的蜜蜂尸体。鼩鼱出现较多的地方，可缩小巢门，建造光滑斜坡以防止鼩鼱爬进蜂箱，也可采用弹簧老鼠夹，放置香肠和燕麦做诱饵进行诱捕。

（三）啮齿类动物

危害蜜蜂常见的松鼠为 *Sciurus carolinensus* 和 *S. vulgaris*，是北美洲和欧洲的蜜蜂敌害，我国也常可见松鼠危害蜜蜂。松鼠冬季啃咬巢脾，取食蜂蜜和花粉。为有效保护继箱和蜂具，应将蜂脾存放在可防控啮齿类动物的房间，将蜂箱叠放于密闭的底板上或防鼠的木块上，紧贴顶板盖严。

（四）食肉类动物

危害蜜蜂较严重的臭鼬（*Mepnitis* 和 *Spilogale*），生长在美洲，常于夜间活动。危害蜂群时，先在蜂箱前扒挖，然后撕抓蜂箱巢门口，取食受惊吓的蜜蜂。一只臭鼬一晚可取食 100 多只蜜蜂，喜欢吃蜂蜜和蜂蜡，秋冬季危害较大。可通过缩小巢门来有效防控，用 1 m 高的铁丝网（5 cm 以下网格）围住蜂场，铁丝网埋进地下 15～30 cm，倒钩铁线置于平面，阻止臭鼬挖掘。也可用卫生球等趋避或诱捕器诱杀臭鼬。

（五）灵长目动物

猴子、狒狒和猩猩均属于蜜蜂的敌害。在印度，黑面猴会打开蜂箱，取走和毁坏巢脾。预防黑面猴的危害可用铁线将蜂箱顶部固定在蜂箱的垫基上，使其无法打开箱盖。狒狒和猩猩为害诱捕的蜂群和野生蜂巢，重复翻动蜂箱，造成巢脾与巢框分离，取食巢脾上的蜂蜜。在热带地区，猩猩成群危害岩壁上的野生蜂巢，用棍子捅野生蜂巢，取食棍上的蜂蜜，或直接取走成片巢脾。灵长目属于野生保护动物，无有效防控措施。

五、其他类

除上述种类外，还有个别动物对蜜蜂造成危害，如蛙类在世界上分布较多，但报道只有 3 种蛙能捕食蜜蜂，对蜜蜂的危害不如蟾蜍严重。

线虫可以侵染蜂王卵巢，使蜂王失去产卵功能。但因其侵染蜜蜂是由采水工蜂在采水时偶然携带回巢，所以极少发生。

有一些螨类，蜜蜂不是主要寄主，只是偶尔寄生在蜂体上，对蜜蜂造成一定的区域性危害，不具有普遍性，未见大规模暴发的报道。

除上述种类之外，还有一些蜜蜂敌害可能在饲养过程中见到，但尚不了解其生物学特性，不清楚具体危害情况。还有许多蜜蜂敌害尚未被发现或认知，需要在养蜂生产中不断加强了解，并及时进行有关敌害危害的报道。

对蜜蜂敌害的认知，将随着人类对蜜蜂的不断探索而趋于完善。

第三十三章 人类对蜜蜂的影响

许多学者认为，人类的活动导致蜜蜂许多病敌害的传播，人类的掠食、毁坏蜂巢及广泛使用杀虫剂，每年使数以千计的蜂群遭受破坏。从某种意义上说，人类也属于蜜蜂的敌害之一。

远古时期，人类开始挖掘蜜蜂的价值，利用蜜蜂的各种产物。毋庸置疑，在利用蜜蜂的漫长历史过程中，人类对蜜蜂的生存和繁衍产生了较大的影响。

一、对蜜蜂有利的影响

（一）提供人工蜂巢

人类最初通过采捕野生的蜂巢以获得蜂蜜，渐渐发展为将树桶整段截下，连蜂带巢搬回居住地饲养。为了留住蜜蜂，防止蜜蜂飞逃，人类研究和模仿天然蜂巢，制作了类似于蜂巢的养蜂工具（图 33-1），并在巢内放置饲料、蜡脾等，引诱蜜蜂进入筑巢。这种养蜂工具历经多年发展成为现代大多数蜂场使用的标准蜂箱（彩图 31），并形成了活框饲养技术，方便蜂蜜等产品的采收，利于日常饲养管理。在冬季，养蜂者还为蜜蜂提供了越冬场所……对于西方蜜蜂来说，这无疑解决了蜜蜂生存繁衍的重要

图 33-1　早期的人造蜂巢
（王志 摄）

问题，使西方蜜蜂在长期进化的过程中，对人类的依赖性越来越强。

（二）加速分布区域扩张

以蜜源的分布区域为基础，蜜蜂通过自然分蜂的方式，不断扩展自然分布区域，使其种群不断扩大分布范围。但蜜蜂的这种自然扩张速度非常有限，很多适合蜜蜂生存繁衍的地方，依靠蜜蜂自身较难到达。随着人类的不断探索，只要适合蜜蜂生存的地方，都会将蜜蜂引入。通过人为活动来影响蜜蜂的扩张速度，比蜜蜂的自然扩张要快得多。例如，澳大利亚未曾发现蜜蜂进化的痕迹，但因为人类活动，原产意大利的蜜蜂被引入澳大利亚之后，经过长期的驯化，逐渐形成了独有的蜜蜂品种澳大利亚意蜂。

（三）增加蜜源种类和数量

人类通过种植各种蜜源植物，制造了许多人为的景观，让蜜蜂获得了丰富的食物资源。除森林、湿地、草原等种类丰富的自然植物资源外，人类不断开垦和改造居住地周边的环境，种植各种大田作物，栽培种类繁多的设施作物、经济果蔬（图 33-2）、中草药材等，在城郊种植行道树，绿化栽培各种开花植物，在旅游区、公园等地开发花海（图 33-3）等。这些显花植物，大多是蜜源植物，在一定程度上为蜜蜂的生存繁衍提供了良好的物质基础。还有一些国家，采取有效措施鼓励栽培蜜源植物，发展养蜂产业。

图 33-2　苹果梨园（王志 摄）

图 33-3　花海一角（王志 摄）

（四）加速抗逆蜂种选育

人类不断发展的科学技术，助推了蜜蜂选择的速度。有些蜜蜂自身难以抵抗的病敌害，人类通过育种加以解决。人类研究蜜蜂授精仪（图 33-4），进行蜜蜂交配的人为控制，研究各种精密仪器，找到具有优良经济性状的遗传基因进行辅助育种，从群体、个体、细胞到分子，甚至应用基因工程等高科技手段，按照对生物学有利的方向，不断选育抗病、抗逆蜜蜂优良种群（图 33-5），充分利用现代的交通网络和快捷便利的物流系统，将良种蜂王（精液或基因）输送到世界各地，加速了各地蜜蜂的品种改良。

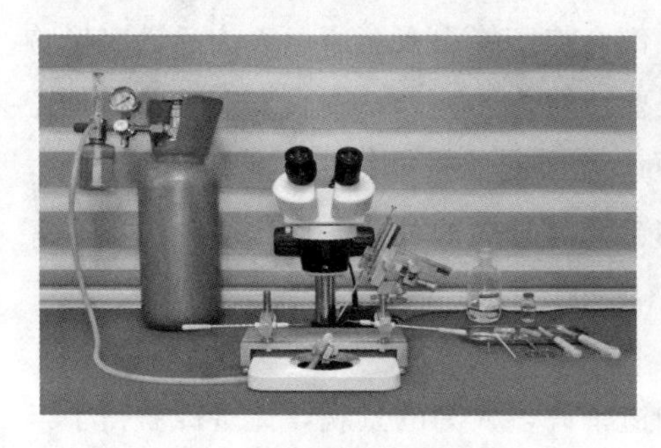

图 33-4　新型蜜蜂人工授精仪
（李志勇 摄）

图 33-5　大型交尾场一角
（王志 摄）

（五）研制防病驱害药物

为了更好地繁殖蜂群，提高蜜蜂的经济价值，人类投入大量精力，研究各种蜜蜂疫病的流行病学及防控技术，包括病毒、螺原体、细菌、真菌及原生动物等，研制抗病方法和药物，防控各类蜜蜂敌害，保障蜜蜂健康。

（六）延长自然繁育时间

南方越冬期较短或不需要越冬，而北方的冬季寒冷而漫长，蜜蜂越冬需要 5～7 个月的时间，是蜜蜂饲养中的技术难点。常有蜂群越冬后期发生饲料不足、受敌害侵袭等，有的越冬蜂群出现蜂王提早产卵、蜜蜂发育不良等问题，甚至不能越过漫长的冬季。养蜂者打破蜜蜂越冬期，提前搬运蜜蜂出窖，运往南方进行春繁，延长了蜜蜂的自然繁育时间；有的蜂场甚至不经过越冬期，直接转地南繁。

二、对蜜蜂不利的影响

人类为蜜蜂提供物质条件、促进蜂业发展的同时，在蜜蜂利用上出现了发展不均衡的现象，或者对蜜蜂保护力不足，存在一些过度开发、对蜜蜂发展不利的行为。

（一）过度攫取产品

随着人类对蜜蜂的认识逐步加深，对蜂产品的开发力度逐渐加大，对蜜蜂的掠夺逐渐增强。包括蜂蜜、蜂王浆（彩图 32）、蜂花粉、蜂胶、蜂蜡、蜂蛹虫、蜂毒、蜂尸、活体蜜蜂等，都是人类开发、利用和研究的对象。一些缺乏科学性的饲养方式，加剧了这一过度掠夺现象。在饲养过程中，采用“一扫光”等落后的生产方式，将所有存蜜从蜂巢内取出，在外界无蜜源时，饲喂低劣的白砂糖或代用饲料，或使用来历不明的饲料，甚至不进行饲喂，任由蜜蜂自生自灭，使蜜蜂采集力降低、体质下降、寿命缩短，严重的导致蜜蜂难以繁育，最终整群覆灭。

（二）破坏生存家园

长期以来，人类不断向蜜蜂索取，导致野生蜜蜂失去赖以生存的蜂巢，难以继续生存和繁衍。秋季采捕野生中华蜜蜂时，采用毁巢取蜜的方式，先将蜜蜂赶出蜂巢，然后采用最古老的方式，连脾带子一起放入大锅内，加热熬制蜡脾取蜜，导致蜜蜂没有蜂巢进行越冬，只能冻饿而死。

（三）污染生态环境

工业化的发展造成了各种环境污染如大气污染、化学污染、电磁辐射、光源污染、水源污染、噪声污染等，并导致全球变暖形成“温室效应”。这些环境污染危害地球上的动植物，造成了长期而深远的影响，加速了地球上自然物种的灭绝速度。例如，臭氧浓度上升到 120 μg/L 时，距离花朵 4.5 m 处，大黄蜂就不再表现出对黑芥花朵的偏好，这是花香物质减少造成的，而这个浓度的臭氧污染在现代城市中较为常见。环境污染对昆虫的影响巨大，会直接或间接地导致蜜蜂中毒、患病等现象的发生。

（四）过度使用农药

蜜蜂赖以生存的食料主要来自大自然中的植物或人工种植的作物，在为农作物喷施新烟碱类杀虫剂等农药防菌除虫时，无疑会导致蜜蜂中毒。在防治森林害虫时，飞机大面积喷洒杀虫药物，对野生蜜蜂的危害难以避免。

（五）加速敌害传播

人类活动导致某些蜜蜂敌害的传播速度加快，如蜂巢小甲虫、大蜂螨、小蜂螨等寄生性敌害的传播。在没有外力帮助的情况下，大蜂螨的传播速度决定于该分布区的蜜源、野生蜂群和养蜂者的数量，一般每年传播几千米的距离。例如，在捷克共和国的村庄里，每隔几千米就有一个蜂箱，在 30 年的时间里大蜂螨传播了约 250 km。然而，转地放蜂和全球蜜蜂数量的增加使大蜂螨较容易传播更远的距离，甚至跨越海洋。在大约 50 年的时间里，大蜂螨几乎传播到了全世界。

（六）扰乱蜜蜂繁衍

正常情况下，蜂箱内部是黑暗的，只留一小口作为巢门。而大多数养蜂者为了方便蜂群管理，常常开箱检查，尤其春秋季温度较低，不适合开箱时，提脾检查会迅速降低子脾温度，对蜜蜂繁殖的影响巨大。在外界蜜源不好时，由于开箱检查，管理不当，还会引起盗蜂、敌害侵袭等问题。在蜜蜂饲养过程中，为便于管理，采取违背蜜蜂生物学特性的方法，如剪翅、剪颚等，人为造成蜜蜂残疾，对蜜蜂干扰较大。

综上所述，人类为蜜蜂的繁衍带来了诸多帮助，尤其西方蜜蜂，在长期饲养过程中，已经对人类在一定程度上产生了生存依赖，其在自然状态下较难生存。而人类社会在漫长的发展过程中，从未停止对蜜蜂的利用和索取，对蜜蜂及蜂产品的应用广泛存在，不断渗透到日常生活之中，甚至直接影响了人类的餐桌。

蜜蜂与人类的生产、生活关系密切。地质学和生物化石已经证明，蜜蜂比人类在地球上的生存时间还要久远。人类与蜜蜂共同生存在地球上，也是命运共同体，互为“协同进化”，各取所需。只有不断采取积极措施，保护环境，保护植物，保护蜜蜂这一生态链条中的重要角色，人类才能更长久、更合理地利用蜜蜂资源，实现地球生态的可持续发展。

参 考 文 献

安建东，彭文君，吴杰，等，2006. 明亮熊蜂的生物学特性及其授粉应用 [J]. 昆虫知识，1：94-97.

Blomstedt W，2015. How Varroa Metthe World [J]. The American bee Journal，3：291-292.

Delfinado-Baker，殷绥公，贝纳新，1986. 武氏蜂跗线螨在美国 [J]. 养蜂科技，4：26-27.

代平礼，周婷，王强，等，2012. 养蜂业相关主要寄生蜂 [J]. 中国蜂业，63 (21)：19-22.

刁青云，2017. 蜜蜂病虫害诊断与防治技术手册 [M]. 北京：中国农业出版社.

杜桃蛀，姜玉锁，2003. 蜜蜂病敌害防治大全 [M]. 北京：中国农业出版社.

葛凤晨，历延芳，闫德斌，等，2008. 我国北方发现蜂狼大面积危害蜜蜂 [J]. 蜜蜂杂志，11：3-4.

葛凤晨，王金文，1997. 养蜂与蜂病防治 [M]. 吉林：吉林科学技术出版社：361-368.

龚一飞，1978. 蜜蜂兽害——黄喉貂的防除方法 [J]. 中国养蜂，6：18-19.

顾怀龙，2017. 防控蜜蜂病害和敌害 [J]. 畜牧兽医科学（电子版），10：18.

郭亚惠，杨华，叶军，2019. 蜂巢小甲虫发展现状以及对我国养蜂业的影响 [J]. 蜜蜂杂志，39 (7)：17-20.

黄庆，2004. 鸟类和兽类对蜜蜂的危害 [J]. 吉林农业，2：30-31.

黎九洲，王康民，张振哲，2008. 陕西省发现中蜂体内寄生蜂——中华绒茧蜂 [J]. 蜜蜂杂志，9：30.

李德平，王桂珍，2011. 防治蜜蜂敌害经验谈 [J]. 蜜蜂杂志，31 (4)：36-37.

李江林，2003. 刺猬是蜜蜂的天敌 [J]. 中国养蜂，6：15.

李杰銮，1995. 防治蜜蜂大敌——蟾蜍 [J]. 养蜂科技，4：20.

李志勇，历延芳，2005. 长白山北部发生蜜蜂受地胆幼虫寄生为害 [J]. 昆虫知识，1：10.

历延芳，李志勇，陈有，2003. 长白山北部地区蜜蜂体外寄生虫——地胆幼虫的危害及其预防 [J]. 蜜蜂杂志，9：44-45.

梁勤，陈大福，2009. 蜜蜂病害与敌害防治 [M]. 北京：金盾出版社.

刘楠楠，2011. 浅谈长白山地区蜜蜂主要敌害及防治对策 [J]. 蜜蜂杂志，31 (1)：37-38.

刘云，徐祖荫，廖启圣，等，2017. 蜜蜂天敌——食虫虻初报［J］. 中国蜂业，68（10）：35.

罗卫庭，张学文，余玉生，等，1998. 蟑螂对中蜂的危害及综合防治［J］. 蜜蜂杂志，11：20.

彭文君，2006. 蜜蜂饲养与病敌害防治［M］. 北京：中国农业出版社.

秦裕本，2018. 灭蜂箱中蟑螂一法［J］. 中国蜂业，69（3）：36.

谌电周，曾爱平，陈绍鹄，等，2011. 贵州仁怀斯氏蜜蜂茧蜂研究［J］. 湖南农业大学学报（自然科学版），37（6）：641-644.

宋廷洲，2004. 提高警惕捕杀刺猬［J］. 中国养蜂，5：25.

苏晓玲，陈道印，赵东绪，等，2021. 大蜡螟防控技术研究进展［J］. 环境昆虫学报，43（3）：651-659.

王福仁，2004. 请认识蜘蛛对蜜蜂的严重危害［J］. 中国养蜂，3：16.

王建鼎，梁勤，苏荣，1997. 蜜蜂保护学［M］. 北京：中国农业出版社.

王瑞生，李朝荣，2021. 中蜂斯氏蜜蜂茧蜂的生物防治［J］. 中国蜂业，72（6）：28-29.

王小龙，2013. 蜜蜂病敌害的综合防治措施［J］. 中国畜牧兽医文摘，29（11）：113-114.

王志，李志勇，2004. 认识蜂虎［J］. 蜜蜂杂志，2：29.

王志，王欢，李志勇，2005. 蜂鸟及其在养蜂业中的生态地位［J］. 养蜂科技，3：7-10.

吴杰，周婷，韩胜明，等，2001. 蜜蜂病敌害防治手册［M］. 北京：中国农业出版社.

徐传球，唐兰玉，2016. 蜜蜂敌害防治法［J］. 中国蜂业，67（11）：29.

姚素云，赵珺，李金龙，等，2019. 蜜蜂的敌害防治措施［J］. 河南农业，1：53.

余德亿，黄鹏，姚锦爱，等，2012. 盆栽榕树害螨为害情况及其田间防控药剂测定［J］. 热带作物学报，33（4）：690-694.

曾爱平，游兰韶，周志成，等，2007. 斯氏蜜蜂茧蜂的生物学特性［J］. 湖南农业大学学报（自然科学版），33（3）：319-320.

曾传勇，2004. 鬼脸天蛾是蜜蜂的主要天敌之一［J］. 中国养蜂，5：24.

邹萍兰，候鸟，2018. 中蜂防治蟑螂的方法［J］. 中国蜂业，69（11）：28.

赵正阶，2001. 中国鸟类志下卷（雀形目）［M］. 吉林：吉林科学技术出版社.

张丽亨，闫长红，2013. 蜜蜂越冬期，谨防啄木鸟［J］. 蜜蜂杂志，33（11）：19.

周冰峰，2020. 蜂螨的分类与防治［J］. 科学种养，9：48-51.

周婷，2014. 蜜蜂医学概论［M］. 北京：中国农业科学技术出版社.

Llusia，Joan，Yli-Pirila，et al，2016. Ozone degrades floral scent and reduces pollinator attraction to flowers［J］. New Phytologist，209（1）：152-160.

图书在版编目（CIP）数据

蜜蜂敌害及其防控技术 / 王志，陈东海编著. —北京：中国农业出版社，2022.11
ISBN 978-7-109-30099-6

Ⅰ.①蜜… Ⅱ.①王… ②陈… Ⅲ.①蜜蜂-敌害-防治 Ⅳ.①S895

中国版本图书馆 CIP 数据核字（2022）第 181249 号

蜜蜂敌害及其防控技术
MIFENG DIHAI JIQI FANGKONG JISHU

中国农业出版社出版
地址：北京市朝阳区麦子店街 18 号楼
邮编：100125
责任编辑：王森鹤
版式设计：杨 婧 责任校对：吴丽婷
印刷：北京通州皇家印刷厂
版次：2022 年 11 月第 1 版
印次：2022 年 11 月北京第 1 次印刷
发行：新华书店北京发行所
开本：700mm×1000mm 1/16
印张：8.75 插页：4
字数：131 千字
定价：48.00 元

彩图 1　胡蜂在树上取食同类尸体
（李志勇 摄）

彩图 2　胡蜂捕食蜜蜂后落于树上
（王志 摄）

彩图 3　大蜂螨正面观（李志勇 摄）

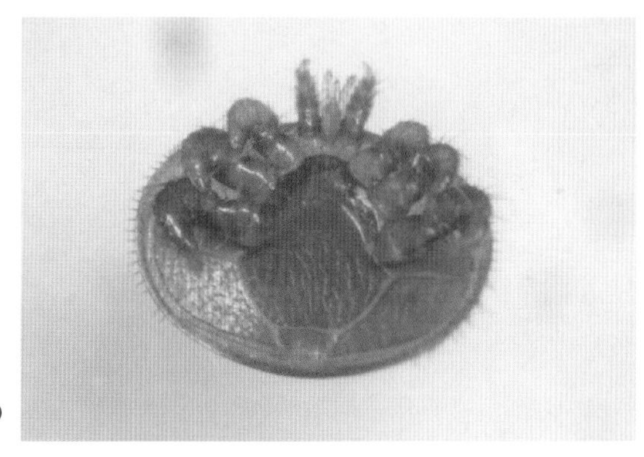

彩图 4　大蜂螨腹面观（李志勇 摄）

彩图 5　寄生工蜂体表的大蜂螨
（陈东海 摄）

彩图 6　检查工蜂蛹的大蜂螨寄生率
（陈东海 摄）

彩图 7　小蜂螨正面观（李志勇 摄）

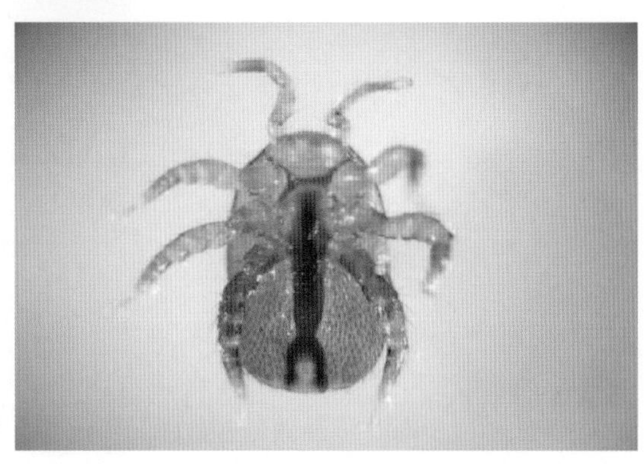

彩图 8　小蜂螨腹面观（李志勇 摄）

彩图 9　大蜡螟幼虫（李志勇 摄）

彩图 10　蜂场随意堆放巢脾致大蜡螟寄生
（王志 摄）

彩图 11　啄木鸟危害越冬中华蜜蜂蜂群
（王新明 摄）

彩图 12　啄木鸟危害木桶蜂箱（王志 摄）

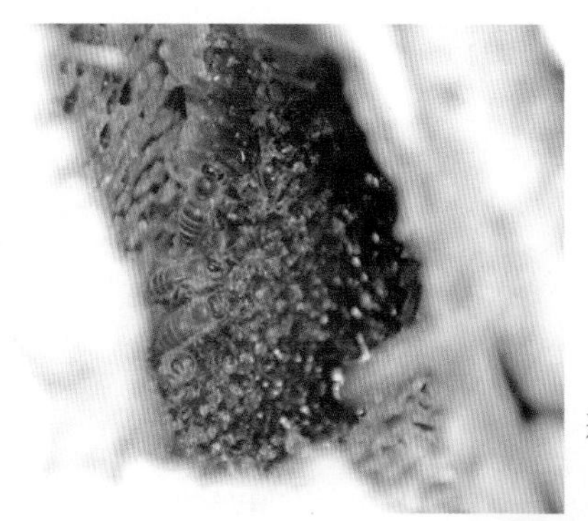

彩图 13　啄木鸟危害木桶蜂箱（放大危害处）（王志 摄）

彩图 14　桶养中华蜜蜂的越冬防护（王志 摄）

彩图 15　储藏在蜂狼巢内的新鲜蜜蜂（王志 摄）

彩图 16　蜜蜂在巢门口抵抗蜂狼（王志 摄）

彩图 17　花间被蜘蛛猎捕的蜜蜂
（王志 摄）

彩图 18　蜘蛛猎捕访花昆虫（王志 摄）

彩图 19　蜘蛛猎捕蜂类（王志 摄）

彩图 20　蟾蜍入侵蜂场（李志勇 摄）

彩图 21　蚂蚁叮咬蜜蜂（王志 摄）

彩图 22　安装防蚂蚁架的蜂箱（王志 摄）

彩图 23　被鼠破坏的巢门（王明富 摄）

彩图 24　食虫虻捕食蜜蜂（李志勇 摄）

彩图 25　复色短翅芫菁幼虫
（李志勇 摄）

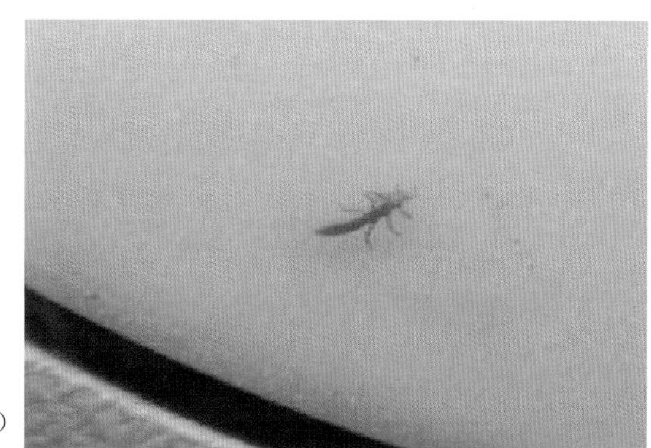
彩图 26　曲角短翅芫菁幼虫（陈东海 摄）

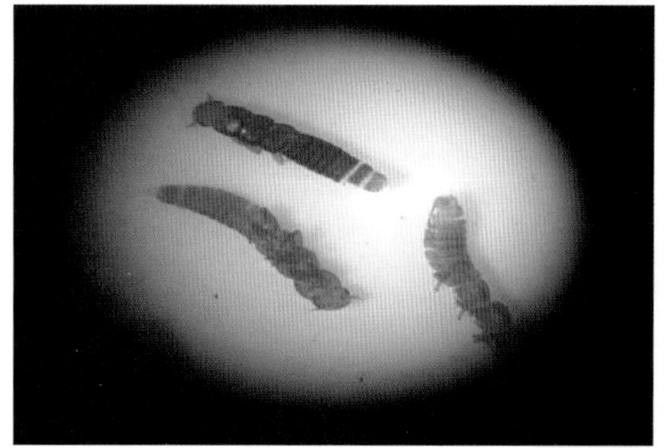
彩图 27　发育中的芫菁（李志勇 摄）

彩图 28　螳螂捕食昆虫（王志 摄）

彩图 29　天蛾吸食东北女贞花蜜（王志 摄）

彩图 30　蜜蜂阻止熊蜂入巢（王志 摄）

彩图 31　现在的标准蜂箱（王志 摄）

彩图 32　蜂王浆生产（王志 摄）